U0166491

LED 封装与检测技术

主　　编　陈慧挺　吴姚莎

副主编　陈文涛　朱　俊

参　　编　熊　宇　沈燕君

机械工业出版社

本书由国家首批"双高计划"建设单位、国家示范性高职院校中山火炬职业技术学院联合宁波职业技术学院组织编写。本书的主要内容包括LED封装和LED检测两个部分。第一部分为项目一～项目八，介绍LED封装技术，主要内容包括LED企业中生产线上的芯片制造、固晶、焊线、封胶和分光等工序的岗位任务介绍、各岗位的操作流程解释与示例、仪器设备的工作原理等。第二部分为项目九、项目十，介绍LED检测技术，主要内容包括LED灯珠及灯具光色电综合特性检测、LED灯珠热性能检测、荧光粉激发特性检测等。

　　全书依托现有的LED封装及测试设备来组织内容，配有大量的封装及检测操作图片，内容实用，通俗易懂，注重培养读者的专业能力与解决实际问题的能力。

　　本书符合LED封装与检测行业岗位的职业技能需求，实用性强，可供职业院校的光电技术、应用电子、节能工程等专业的师生应用，也可供从事LED技术研究与应用的工程技术人员参考。

图书在版编目（CIP）数据

LED封装与检测技术/陈慧挺，吴姚莎主编. —北京：机械工业出版社，2021. 12（2023. 1重印）

　　ISBN 978-7-111-69215-7

Ⅰ.①L… Ⅱ.①陈…②吴… Ⅲ.①发光二极管－封装工艺－高等职业教育－教材②发光二极管－检测－高等职业教育－教材 Ⅳ.①TN383

中国版本图书馆CIP数据核字（2021）第198190号

机械工业出版社（北京市百万庄大街22号　邮政编码100037）
策划编辑：付承桂　责任编辑：付承桂　杨　琼
责任校对：张　征　封面设计：马若濛
责任印制：刘　媛
涿州市般润文化传播有限公司印刷
2023年1月第1版第2次印刷
169mm×239mm·13印张·215千字
标准书号：ISBN 978-7-111-69215-7
定价：55.00元

电话服务　　　　　　　　　网络服务
客服电话：010-88361066　　机　工　官　网：www.cmpbook.com
　　　　　010-88379833　　机　工　官　博：weibo.com/cmp1952
　　　　　010-68326294　　金　书　网：www.golden-book.com
封底无防伪标均为盗版　机工教育服务网：www.cmpedu.com

PREFACE

| 前言

当前，能源与环境问题已经成为人类生存和可持续发展中面临的首要问题，节能与环保也成为世界各国广泛达成共识的一项基本国策。以 LED（发光二极管）技术为核心的绿色照明工程正在全世界范围内得到迅速的推广，在未来若干年，LED 将全面取代白炽灯、节能灯等传统的照明光源。良好的发展前景使得 LED 已经成为一个非常值得人们去研究和探索的技术领域。

本书的主要内容包括 LED 封装和 LED 检测两个部分。

第一部分介绍 LED 封装技术，主要内容包括 LED 企业中生产线上的芯片制造、固晶、焊线、封胶和分光等工序的岗位任务介绍、各岗位的操作流程解释与示例、仪器设备的工作原理等。第二部分介绍 LED 检测技术，主要内容包括 LED 灯珠及灯具光色电综合特性检测、LED 灯珠热性能检测、荧光粉激发特性检测等。

全书依托现有的 LED 封装及测试设备来组织内容，配有大量的封装及检测操作图片，内容实用，通俗易懂，是一本关于 LED 封装与检测技术方面的教材，注重培养读者的专业能力与解决实际问题的能力。本书由国家首批"双高计划"建设单位、国家示范性高职院校中山火炬职业技术学院组织并联合宁波职业技术学院编写。我们根据目前 LED 封装与检测技术的产业现况，结合自己多年来的教学和工作经验编写了本书。本书符合 LED 封装与检测行业岗位的职业技能需求，实用性强，可供职业院校的光电技术、应用电子、节能工程等专业的师生应用，也可供从事 LED 技术研究与应用的工程技术人员参考。

本书编写的分工如下：陈慧挺老师（中山火炬职业技术学院）负责项目一、

二、三、四、九、十的编写；吴姚莎老师（中山火炬职业技术学院）负责项目五、六的编写；陈文涛老师负责项目七的编写；朱俊老师（中山火炬职业技术学院）负责项目八的编写；熊宇老师（中山火炬职业技术学院）负责全书习题的编写；沈燕君老师（宁波职业技术学院）负责全书的编写统稿工作。另外，本书在编写过程中参考了很多国内外的相关资料及文献，在此表示衷心的感谢。

由于成书时间仓促，水平有限，书中难免有不妥之处，敬请读者和专家批评指正。

CONTENTS | 目录

项目一　LED 的结构、分类及发光机理

学习目标与任务导入

　　项目一主要介绍 LED 的结构、LED 的分类以及 LED 核心部分即芯片的发光机理。LED 的应用场合十分广泛，LED 及其产品的结构和特性也呈现各异的形态，但各种形态的 LED 产品，都可看成是由一个一个能发光的基本小单元组合而成的，这一基本单元就是 LED 灯珠，不同的 LED 产品就是由特性不同的灯珠按照不同的排列方式组合而成的。若想要比较全面地了解 LED 技术，则首先要了解 LED 灯珠的结构和特性，并了解根据灯珠的类型以及组合方式的不同可以构成哪些类型的 LED 产品。此外，对于试图了解 LED 光学、电学以及热学特性并通过分析、设计提高 LED 产品性能的技术人员而言，了解 LED 的核心部分即芯片的发光机理也是十分必要的。

任务一　认识 LED 的结构

　　对于外部电路而言，一个 LED 灯珠实质上就是一个带有正电极和负电极的小灯泡，按正确的极性通上低压直流电就能发光。以直插式 LED 灯珠为例，LED 灯珠的外观如图 1.1 所示。

　　在内部结构上，不同类型的灯珠其结构会有所差异，以适应不同应用场合的要求。但就其结构的共性而言，一个完整的 LED 灯珠通常由晶片（芯片）、支架、金线、导电银胶或绝缘胶、环氧树脂（胶体）等几个部分构成。仍以直插式 LED 灯珠为例，其内部结构如图 1.2 所示。

1

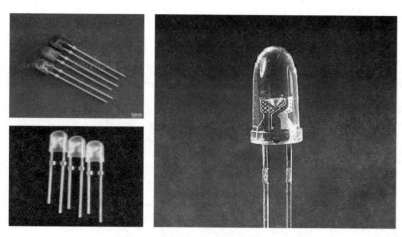

图 1.1　直插式 LED 灯珠的外观

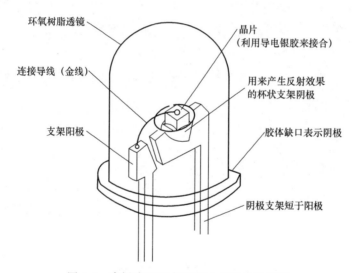

图 1.2　直插式 LED 灯珠的内部结构示意图

LED 灯珠中各部分的作用如下所述。

1. 晶片

LED 晶片又称 LED 芯片，由磷化镓（GaP）、镓铝砷（GaAlAs）、砷化镓（GaAs）、氮化镓（GaN）等材质组成，其内部结构为一个 PN 结，具有单向导电性，是发光部分所在。芯片的发光颜色取决于其材料，常见的单色可见光芯片发出的光的颜色和波长为：暗红色（700nm）、深红色（640～660nm）、橘红色（615～635nm）、琥珀色（600～610nm）、黄色（580～595nm）、黄绿色（565～

575nm)、纯绿色（500～540nm）、蓝色（435～490nm）、紫色（380～430nm）。白光和粉红光是光的混合效果。最常见的是由蓝光+黄色荧光粉和蓝光+红色荧光粉混合而成。

晶片是LED灯珠的核心部分，在生产成本上也是主要的成本。

2. 支架

LED支架的主要作用是固定晶片，同时可作为LED灯珠引向外部的正负电极，在某些场合下，可以起到反光杯的作用。

支架的结构：是在铁质的底材上，依次镀上铜膜（导电性好、散热快）、镍膜（防氧化）和银膜（反光性好、易焊线）而成。根据其类型不同可分为直插式支架、贴片式支架、食人鱼支架等；而且根据其大小具有不同的型号，例如2号、3号、4号、6号、9号等。

3. 金线

金线是用来连接LED晶片电极和外部支架的引线，由纯金制成，利用其含金量高、材质较软、易变形、导电性好、散热性好的特性，可以在晶片与支架间形成一条闭合电路。

LED灯珠中所用到的金线规格有 $\phi1.0$ mil$^{\ominus}$、$\phi1.2$ mil，LED用金线的材质一般含金量为99.9%。

4. 导电银胶或绝缘胶

导电银胶是LED生产封装中不可或缺的一种胶水，对其要求是导电、导热性能要好，剪切强度要大，并且黏结力要强。绝缘胶要求绝缘、导热性要好、剪切强度要大，并且黏结力要强。

银胶有H20E、826-1DS、84-1A等型号，其构成成分包括银粉（导电、散热、固定晶片）、环氧树脂（固化银粉）、稀释剂（易于搅拌）等。

LED灯珠中使用的绝缘胶也叫白胶，乳白色，起绝缘黏合作用。

5. 环氧树脂（胶体）

环氧树脂的作用是保护LED内部结构，使LED成型，同时使LED光线形成一定的角度。可稍微改变LED的发光颜色、亮度及角度。

LED灯珠中的环氧树脂通常由A、B两组剂份按等质量比例（1：1）混合而

　$\ominus$　1mil $= 25.4 \times 10^{-6}$ m。

成。其中，A 胶是主剂，由环氧树脂、消泡剂、耐热剂、稀释剂构成；B 剂是固化剂，由酸酐、离模剂、促进剂组成。

对于不同的灯珠，其内部结构即各部分的形状、大小等会有所不同。有的灯珠如白光 LED 灯珠等，还要在其中加入荧光胶等。

任务二　掌握 LED 的分类

LED 的分类是一个综合性的问题，根据所考虑问题的不同，可对 LED 进行不同角度的分类，一般而言，可从产品应用场合、灯珠性能以及灯珠的封装方式三个不同的角度对 LED 进行分类。

一、根据 LED 产品应用场合分类

根据 LED 产品应用场合的不同可以把 LED 分为以下五大类别。

1. 信息显示

电子仪器、设备、家用电器等的信息显示、数码显示和各种显示器，以及 LED 显示屏（信息显示、广告、记分牌等）。

2. 交通信号灯

城市交通、高速公路、铁路、机场、航海和江河航运用的信号灯等。

3. 汽车用灯

汽车内外灯、转向灯、刹车灯、雾灯、前照灯、车内仪表显示及照明等。

4. LED 背光源

小尺寸背光源：小于 10in⊖，主要用于手机、MP3、MP4、PDA、数码相机、摄像机和健身器材等；中等尺寸背光源：10~20in，主要用于手提计算机、计算机显示器和各种监视器；大尺寸背光源：大于 20in，主要用于彩色电视机的 LCD 显示屏。

5. LED 照明

根据不同场合下的照明，LED 照明可进一步分为以下六小类：

1）室外景观照明：护栏灯、投射灯、LED 灯带、LED 异型灯、数码灯管、

⊖　1in = 0.0254m。——编辑注

地埋灯、草坪灯、水底灯等。

2）室内装饰照明：壁灯、吊灯、嵌入式灯、射灯、墙角灯、平面发光板、格栅灯、荧光灯、筒灯、变幻灯等。

3）专用照明：便携式照明（手电筒、头灯）、低照度灯（廊灯、门牌灯、庭用灯）、阅读灯、显微镜灯、投影灯、照相机闪光灯、台灯、路灯等。

4）安全照明：矿灯、防爆灯、应急灯、安全指示灯等。

5）特种照明：军用照明灯、医用无热辐射照明灯、治疗灯、杀菌灯、农作物及花卉专用照明灯、生物专用灯、与太阳能光伏电池结合的专用 LED 灯等。

6）普通照明：办公室、商店、酒店、家庭用的普通照明灯等，虽然 LED 照明正式进入该领域的时间不长，但随着 LED 技术的不断进步和成本的不断下降，预计近几年内将会逐步进入普通照明领域。

二、根据 LED 灯珠性能分类

根据 LED 灯珠性能的不同，可从 LED 灯珠芯片发光颜色、LED 灯珠出光面特征、LED 灯珠的内部结构以及发光强度和工作电流四个方面进行分类。

1. 按 LED 灯珠芯片发光颜色分

按 LED 灯珠芯片发光颜色分，可分成红色、橙色、绿色（又细分黄绿色、标准绿色和纯绿色）、蓝色等。另外，有的 LED 灯珠芯片中包含两种或三种颜色。

根据 LED 灯珠芯片出光处掺或不掺散射剂、有色还是无色，上述各种颜色的灯珠芯片还可分成有色透明、无色透明、有色散射和无色散射四种类型。散射型 LED 灯珠芯片可作指示灯用。

2. 按 LED 灯珠出光面特征分

1）按 LED 灯珠出光面特征分为圆形灯、方形灯、矩形灯、面发光管、侧向管、表面安装用微型管等。

2）圆形灯按直径分为 $\phi 2mm$、$\phi 4.4mm$、$\phi 5mm$、$\phi 8mm$、$\phi 10mm$ 及 $\phi 20mm$ 等。

3）由发光强度角分布图来分有以下三小类：

① 高指向性。一般为尖头环氧封装，或是带金属反射腔封装，且不加散射剂。半值角为 5°~20°或更小，具有很高的指向性，可作局部照明光源用，或与光检出器联用以组成自动检测系统。

② 标准型。通常作指示灯用，其半值角为 20°~45°。

③ 散射型。这是视角较大的指示灯，半值角为 45°~90°或更大，且散射剂的量较大。

3. 按 LED 灯珠的内部结构分

按 LED 灯珠的内部结构分有全环氧包封、金属底座环氧封装、陶瓷底座环氧封装及玻璃封装等结构。

4. 按发光强度和工作电流分

按发光强度和工作电流分有普通亮度的 LED（发光强度为 100mcd）；高亮度 LED 发光二极管（发光强度为 10~100mcd）。一般 LED 的工作电流在十几 mA 至几十 mA，而低电流 LED 的工作电流在 2mA 以下（亮度与普通发光管相同）。

三、根据 LED 灯珠的封装方式分类

由于 LED 灯珠是基本的功能单元，而不同灯珠的区别主要体现在其封装方式的不同，主要是封装中使用的支架不同，因此，这一种分类方法是 LED 产品分类中最重要的一种。

按照灯珠封装方式的不同，LED 可分为以下几种类型。

1. 直插式 LED

这是 LED 最早出现的一种结构形态，到现在仍在生产和应用。由于直插式 LED 的外观和一个小灯泡类似，故又称为灯式 LED（LAMP LED）、插件 LED 等。

直插式 LED 根据其胶体的形状、颜色以及 LED 发光的颜色还可以细分为：

1）按胶体的形状分：3mm、5mm、12mm、方形、椭圆形、特殊形状等。

2）按胶体的颜色分：无色透明、有色透明、无色散射、有色散射等。

3）按 LED 发光的颜色分：红色、黄色、蓝色、白色、紫外、红外等。

2. 食人鱼 LED（Flux LED）

食人鱼 LED 是一种正方形封装的，用透明树脂封装，有四个引脚，负极处有个缺脚的 LED。

食人鱼是散射型的 LED，发光角度大于 120°，发光强度很高，而且能承受更大的功率。美国通常称食人鱼 LED 为 EAGLE-EYE LED（鹰眼 LED）。据说这种 LED 刚刚诞生的时候立刻引起了大家的关注，其发展趋势像食人鱼一样凶猛，故

得此名；另外一种说法是因为它的形状很像亚马逊河中的食人鱼。

食人鱼 LED 在封装结构上仍可归入直插式 LED 的范畴，在功率上仍属于小功率 LED 的范畴。其外观如图 1.3 所示。

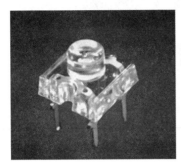

图 1.3　食人鱼 LED 的外观

食人鱼 LED 是四只脚的，比一般的直插式 5mm LED 多了两只脚，而且四只脚的发光部分和电路板焊接地方有一定的间距，四只脚的设计方式的目的就是让食人鱼 LED 的散热比一般的 LED 要好很多，因此可以通过的工作电流会大一点：最大可以为 50mA，一般的 LED 为 20mA，所以食人鱼 LED 比一般的 LED 亮度要高。由于食人鱼 LED 的两个电极连在四只脚上，所以是两只脚连通一个电极。在安装时要确认哪两只脚是正极，哪两只脚是负极。

食人鱼 LED 的主要缺点是其体积要比普通的直插式 5mm LED 大一点，角度为 90°~120°，没有其他的角度，因此做全彩的 RGB 混光的效果不好，没有直插式 5mm LED 好。

食人鱼 LED 比 φ5mm 的 LED 散热好、视角大、光衰小、寿命长。因此非常适合制成线条灯、背光源的灯箱和大字体槽中的光源。

食人鱼 LED 也可用作汽车的刹车灯、转向灯、倒车灯。因为食人鱼 LED 在散热方面有优势，可承受 70~80mA 的电流。在行驶的汽车上，往往蓄电瓶的电压高低波动较大，特别是使用刹车灯的时候，电流会突然增大，但是这种情况对食人鱼 LED 没有太大的影响，因此其广泛用于汽车照明中。

3. SMD（Surface Mount Device）式 LED

SMD 式 LED 即表面贴装式 LED，又称为贴片式 LED。这是小功率 LED 中比较重要和主流的一个类型，其外观如图 1.4 所示。

图 1.4　SMD 式 LED 的外观

SMD 式 LED 是贴于线路板表面的，适合表面组装技术（Surface Mounted Technology，SMT）加工，可回流焊，很好地解决了亮度、视角、平整度、可靠性、一致性等问题，采用了更轻的印制电路板（Printed Circuit Board，PCB）和反射层材料，改进后去掉了直插式 LED 较重的碳钢材料引脚，使显示反射层需要填充的环氧树脂更少，目的是缩小尺寸、降低重量。这样，SMD 式 LED 可以轻易地将产品的重量减轻一半，最终使应用更加完美。

SMD 式 LED 也可细分为多个类别：

1）按形状大小分：一般 SMD 式 LED 都是菱形的，所以其命名方法一般根据长×宽的尺寸来命名，通常以英寸为单位，如 0603、1210、5060 等。当然，也可以毫米为单位命名，如 1608（1.6mm×0.8mm）等。

2）根据发光颜色和胶体种类分：其与直插式 LED 产品类似，只是产品的形状发生了很大的变化。

4. 大功率 LED（Power LED）

大功率 LED 也称为功率型 LED，主要用于各种场合的照明，其外观如图 1.5 所示。

大功率 LED 可按以下方式分类：

1）按功率的大小分：1W、3W、5W 等。

2）按顶部发光透镜分：平头、聚光、酒杯形状等。

5. 集成封装的 LED

以上几种 LED 均是将单个芯片封装成一个灯珠的形式，近年来，将多个 LED 芯片封装在一起，形成一个发光模块的方式逐渐得到广泛的应用，这种封装形式称为集成封装的 LED，其外观如图 1.6 所示。

图 1.5　大功率 LED 的外观

图 1.6　集成封装的 LED 的外观

6. LED 数码管

　　LED 数码管的外观如图 1.7 所示。最早用在仪器面板或家用电器数码显示等场合，也可用于组成 LED 显示屏。LED 数码管又称为平面封装式的 LED。

图 1.7　LED 数码管的外观

LED 数码管按外形分为 1 位、2 位、3 位、4 位等；按表面颜色分为灰面黑胶、黑面白胶等；按极性结构分为共阴、共阳等；也可按发光颜色来进行分类。

7. LED 点阵（LED Dot Matrix）

LED 点阵从功能上可以看成 LED 数码管的替代产品，其主要应用在信息显示等场合。LED 点阵的外观如图 1.8 所示。

图 1.8　LED 点阵的外观

根据其间距和孔的直径的不同可进一步细分为以下类型：

1）按孔的直径分：$\phi 2.0$、$\phi 3.0$、$\phi 3.75$、$\phi 5.0$ 等；

2）按点数分：5×7、8×8、16×16 等。

除以上介绍的类型外，LED 及其系列还有一些其他的产品：如像素管、侧光源、红外线接收和发射产品等。

任务三　掌握 LED 的发光机理

从用户的角度来看，LED 就是一个使用直流电源驱动的小灯泡，但是作为 LED 相关行业的技术工作者，仅仅知道这一点显然是远远不够的。本节主要站在技术研发和设计者的立场，首先比较 LED 和其他各种常用光源特性的异同，进而对各类型光源的发光机理进行较为详细的分析和比较，最后解释了 LED 发光机理的特殊性。

一、光源的分类与特性

众所周知，光在传播过程中，其本质上可以看成一种电磁波。电磁波的波长范围极其广阔，可见光在其中只占很窄的一段。可见光的波长范围为 380 ~ 760nm，不同波长的可见光会带给人眼不同的颜色感受，电磁波谱如图 1.9 所示。

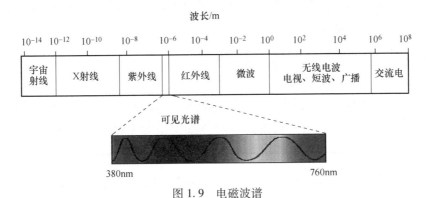

图 1.9　电磁波谱

能够产生光的物体或者仪器称为光源，LED 是光源的一种，以下介绍光源的分类和特点。各种光源的分类如图 1.10 所示。

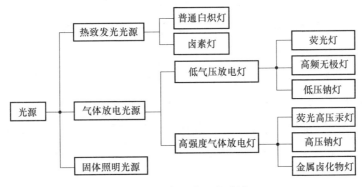

图 1.10　各种光源的分类

图 1.10 中，可见光源的类型可分为三大类，分别是热致发光光源、气体放电光源和固体照明光源，其工作原理和特性分别如下所述。

1. 热致发光光源

热致发光光源是根据热辐射原理制成的光源，其典型的代表是白炽灯（即通常所说的电灯泡）。白炽灯是靠电能将灯丝加热至高温（白炽）而发光的，故得名。

白炽灯的发光体是用金属钨拉制的灯丝，这种材料的特点是熔点很高，在高温下仍保持固态。一只点亮的白炽灯的灯丝温度高达 3000℃。炽热的灯丝产生了光辐射，使电灯发出了明亮的光芒。因为在高温下一些钨原子会蒸发成气体，并在灯泡的玻璃表面上沉积，使灯泡变黑，所以白炽灯都被设计成较大的外形，这是为了使沉积下来的钨原子能在一个比较大的表面上弥散开。否则的话，灯泡在很短的时间内就会被熏黑。

由于灯丝在不断地被气化，所以会逐渐变细，直至最后断开，这时一只灯泡的寿命也就结束了，其寿命一般为 1000h。

在所有用电的照明光源中，白炽灯的效率是最低的，它所消耗的电能中只有很小的部分（约 12%～18%）可转化为光能，而其余部分都以热能的形式散失了。

由于白炽灯具有以上所述的寿命短、能效低的特点，目前已处于被淘汰的边沿：欧美日等发达国家已明令禁止白炽灯的使用，我国也已出台政策将白炽灯逐步淘汰。

卤素灯（或称卤钨灯）是另一种热致发光光源，和白炽灯相比，卤素灯的特殊性就在于灯丝可以"自我再生"。卤素灯灯丝和玻璃外壳中充有一些卤族元素，如碘和溴。当灯丝发热时，钨原子被蒸发向玻璃管壁方向移动，在它们接近玻璃管时，钨蒸气被"冷却"到大约 800℃并和卤素原子结合在一起形成卤化钨（碘化钨、溴化钨）。卤化钨向玻璃管中央移动，落到灯丝上，由于卤化钨很不稳定，因此遇热后就会分解成卤素蒸气和钨，这样钨又在灯丝上沉积下来，弥补了被蒸发的部分。如此循环，灯丝的使用寿命就会延长很多，卤素灯的体积也可以做得相对小巧。

2. 气体放电光源

气体放电光源是过去很长一段时间以来照明光源的主流，直至当前这一状况也没有改变。其典型代表是日光灯和节能灯，两者均属于气体放电光源中的荧光灯范畴。

利用气体放电发光的原理制成的光源称为气体放电光源，以荧光灯为例，气体放电光源的工作原理如下：荧光灯灯管内充有一种低气压汞蒸气，管内的汞蒸气在电离的作用下发射出紫外线，涂在灯管内表面的荧光粉将紫外线转换成可见光输出。不同的荧光粉决定了不同的色温和显色性。镇流器为灯提供合适的工作电流。在大部分灯内发光的基本过程是三级式的：自由电子被外电场加速；当运动的电子与气体原子碰撞时，电子的动能就转交给原子使其激发；当受激原子返回基态时，所吸收的能量以辐射发光的形式释放出来。自由电子不断被外电场加速，上述三级式的过程也就不断地在灯中进行。

气体放电光源除了荧光灯外还包括高频无极灯和高压钠灯，此三者均属于低气压气体放电光源的范畴。

高频无极灯的发光原理是：在输入一定范围的电源电压后，高频发生器产生 2.65MHz 的高频恒电压送给功率耦合器，由功率耦合器在玻壳的放电空间内建立静电强磁场，对放电空间内的大气进行电离，并产生强紫外光，玻璃泡壳内壁的三基色荧光粉受强紫外光激励发光。在电源设计上，由于采用 APFC（有源功率因数校正）电源控制技术和 IC（集成电路）技术，一方面使得电源的功率因数高达 0.95 以上；另一方面使得高频发生器始终以高频恒电压点灯。所以，输入的电源电压在一定范围内波动时，其发光亮度均不变。

低压钠灯是基于低压钠——一种稀有气体的放电原理而发光的电光源。因室温时钠是固体，单纯使用钠的气体放电灯不易启动。在灯的玻管内充入氩氖混合气即潘宁气体后，灯放电时首先呈现氖的特征红光，并产生热量使放电管温度升高，导致钠开始蒸发；因钠的电离电位和激发电位比氖和氩低，放电很快转入钠蒸气中，辐射出可见光。

气体放电光源除了低气压气体放电光源之外，还有高强度气体放电光源，具体包括荧光高压汞灯、高压钠灯和金属卤化物灯等，其发光原理分别如下所述。

荧光高压汞灯由荧光泡壳和放电管两部分组成。放电管又细又短，只有人的手指大小，内装高压汞蒸气，放电管外面有一棉球形的荧光泡壳。通电后放电管产生很强的可见光和紫外线，紫外线照射在荧光泡壳上，发出大量的可见光。高压汞灯工作时，电流通过高压汞蒸气，使之电离激发，形成放电管中电子、原子和离子间的碰撞而发光。

高压钠灯灯泡启动后，电弧管两端电极之间产生电弧。由于电弧的高温作用使管内的钠汞气受热蒸发成为汞蒸气和钠蒸气，阴极发射的电子在向阳极运动的过程中，撞击放电物质的原子，使其获得能量产生电离或激发。然后由激发态恢复到基态，或由电离态变为激发态，再回到基态无限循环，此时，多余的能量以光射的形式释放，便产生了光。

金属卤化物灯电弧管内充有汞、惰性气体和一种以上的金属卤化物。汞蒸发后，电弧管内汞蒸气压达几个大气压，卤化物也从管壁上蒸发，扩散进入高温电弧柱内分解，金属原子被电离激发，辐射出特征谱线。当金属离子扩散返回管壁时，在靠近管壁的较冷区域中与卤原子相遇，并且重新结合生成卤化物分子。这种循环过程不断地向电弧提供金属蒸气。电弧轴心处的金属蒸气分压与管壁处卤化物蒸气的分压相近，一般为 1330～13300Pa。金属光谱的总辐射功率可以大幅度超过汞的辐射功率。结果，典型的金属卤化物灯输出的谱线主要是金属光谱。填充不同种金属卤化物可改善灯的显色性。

3. 固体照明光源

固体照明光源主要包括无机 EL（电致发光）和 LED。

EL 可由多种形态如粉末、单晶、薄膜的无机材料制成，是一种在电场的激励下使材料发光的方式，激发的方式有交流激励和直流激励。

1936 年，法国的 Destrieu 发现了粉末状的 EL，其是用交流驱动的。人们期望，这种平板式的发光能够成为大面积光源，实现墙壁式照明；另外，还进一步期望能实现平板式显像，以代替笨重的真空显像管。但这些期望基本上都落空了。这是由于有几个始终未能解决的问题：一是器件的亮度不够高，作为低亮度照明，例如液晶的背照明、夜间标识、应急照明等，比起其他光源，有相当的优势，但根本没有可能作为一般的照明，无法代替现有的光源如白炽灯、日光灯等。二是寿命不够长，寿命能够达到一万小时以上的，亮度太低；亮度稍高的，寿命就只有几千小时。三是得不到合格的三基色，因而无法实现全色显像。还有一个难以克服的缺点是必须用 100V 以上的交流电压驱动，并且使与之匹配的半导体电路必须在较高电压的电源下运作。20 世纪 70 年代，又有人发现了直流的粉末电致发光，也做成了一些显示器件，且有样机。但它的发光颜色的种类更少，驱动电流又比较大，其与交流 EL 类似，应用同样有限。就在同一时期，日本夏普公司的 Inoguchi 公布了他的发明：亮度高寿命长的薄膜电致发光器件，亮度（ZnS：Mn 的橙色）可高达 3000cd/m²，做成显示器时亮度可以有 100cd/m²，符合应用的需要。寿命则可超过一万小时。夏普公司也在 20 世纪 80 年代初用这种器件生产出手提式计算机的平板显示器。但是由于价格较高（比液晶价格高），又只是单色（橙色），所以未能大量推广。目前，日本、美国等的一些研究单位，还一直在研制多色的器件，希望能实现彩色显示以至全色显像。作为三基色，红、绿两色已基本解决，但蓝色离三基色所要求的色度值还相差甚远。此外，无机薄膜器件也需要较高（百伏）的交流驱动电压，同样存在难以和一般半导体线路匹配的问题。这是它的又一个重要缺点。

二、各类光源发光机理的比较

光源的发光机理可分为电致发光、光致发光、化学发光、生物发光等，上文所述的各种光源，均属于电光源之列，但尽管如此，其发光机理还是有较大的区别，以下对热致发光光源、气体放电光源和固体照明光源这三大类型的光源的发光机理进行分析。

1. 热致发光光源

从应用的角度来看，电光源的发光方式通常可分成两类，即热光与冷光。热致发光光源的发光机理显然是属于热光的范畴。所谓热光又称为热辐射，是指物质在高温下发出的光，在热辐射的过程中，其内部的能量并不改变，通过加热使辐射得以进行下去，低温时辐射红外光，高温时变成白光，更高温度时辐射的光显蓝色。因此，热致发光光源发光机理的本质就是一种平衡态的热辐射。任何 0K（即绝对零度）以上温度的物体都会发射各种波长的电磁波，这种由于物体中的分子、原子受到热激发而发射电磁波的现象称为热辐射，热辐射具有连续的辐射谱，波长自远红外区到紫外区，并且辐射能按波长的分布主要取决于物体的温度。不过温度不够高时，辐射的波长大多在红外区，人眼是看不见的。物体的温度达到 500℃以上时，辐射的可见部分就够强了，例如烧红了的铁、电灯泡中的灯丝等。

任何物体向周围发射电磁波的同时，也吸收周围物体发射的辐射能。当辐射从外界入射到不透明的物体表面上时，一部分能量被吸收，另一部分能量从表面反射（如果物体是透明的，则还有一部分能量透射）。被物体吸收的能量与入射的能量之比称为该物体的吸收比。不同的物体具有不同的吸收比。

若假设物体在任何温度下，对任何波长的辐射能的吸收比都等于 1，则称该物体为绝对黑体（简称黑体）。黑体的热辐射特性是热致发光光源辐射特性的理想近似。图 1.11 所示为不同温度下黑体辐射特性曲线，横坐标是辐射的电磁波频率，纵坐标是该频率处辐射出射度（可理解为辐射功率）。

从图 1.11 中可见，不同温度下的黑体辐射特性对应着不同的曲线，每一条曲线都有一个最大值，黑体辐射的辐射出射度随着绝对温度的升高而迅速增大，并且曲线的极大值逐渐向短波方向移动。1879 年，斯忒藩（J. Stefan）从实验观察到黑体的辐射出射度与绝对温度 T 的四次方成正比。

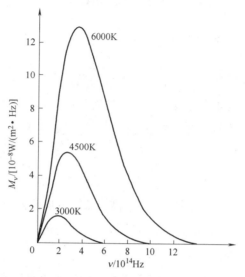

图 1.11 不同温度下黑体辐射特性曲线

一般的物体，由于其吸收比不为 1，因此其辐射特性和黑体相比有差别，但总的规律类似，图 1.12 所示为太阳和钨丝的热辐射特性曲线，从图 1.12 中可见，其基本规律是不变的。

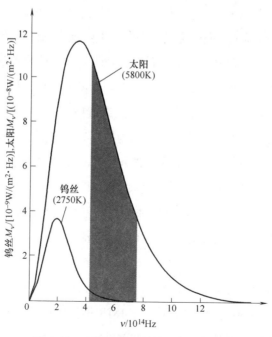

图 1.12 太阳和钨丝的热辐射特性曲线

以上就是热致发光光源发光的机理，总结起来，热致发光光源是和温度密切相关的，以上分析表明，要使热致发光光源发出可见光，一般需要比较高的温度。

热致发光光源的发光机理是一种平衡态的热辐射，从物质微观结构和机理的角度来看，可以用经典电磁理论的观点，把这一情况粗略地看成原子中的电子在同一能级的平衡位置附近振荡的过程。在振荡过程中，由于电子有规律地往复运动，造成周围电场有规律地变化，进而向外界辐射电磁波，物体的温度不同使得电子振荡的能量和频率不同，因而辐射的电磁波的能量和频率也不同，这可以比较好地解释热致发光光源发光的特性。但在温度较高时，这种解释和平衡热辐射实验曲线的差别较大，这是因为此时的振动频率较高，经典电磁理论的误差较大，需要用量子理论来描述。

根据以上分析可对热致发光光源的发光特性进行进一步的估算、分析、设计。

2. 气体放电光源

在一定的条件下，物体的对外辐射除了平衡热辐射之外，还有一种状态称之为"发光"。发光是叠加在热辐射之上的一种光发射。发光材料能够发出明亮的光（例如荧光灯内荧光粉的发光），而它的温度却比室温高不了多少，因此发光有时也被称为"冷光"。热辐射是一种平衡辐射，它基本上只与温度有关而与物质的种类无关。发光则是一种非平衡辐射，反映着发光物质的特征。

冷光是从某种能源在较低温度时所发出的光。发冷光时，某个原子的一个电子受外力作用从基态激发到较高的能态。由于这种状态是不稳定的，该电子通常以光的形式将能量释放出来，回到基态。由于这种发光过程不伴随物体的加热，因此将这种形式的光称之为冷光。按物质的种类与激发方式的不同，冷光可分为各种生物发光、化学发光、光致发光、阴极射线发光、场致发光、电致发光等多种类别。萤火虫、荧光粉、荧光灯、EL 等均是一些典型的冷光光源。

发光的机理和平衡态的热辐射有着本质的不同，它是光和物质相互作用的一种形态和结果，在这个意义上，在平衡态的热辐射情形中，从微观上看发光（这里指发出平衡态的热辐射）物质和它发出的光之间可以认为是没有相互作用的。

微观世界的最初模型是卢瑟福将行星模型照搬于原子世界而得到的，虽然都受平方反比有心力支配，但电子带 $-e$ 电荷，轨道加速运动会向外辐射电磁能，这样电子将会在 10^{-9} s 时间内落入核内，正负电荷中和，原子宣告崩溃（塌缩）。但现实世界原子是稳定的。

原子结构及其稳定性是令经典物理学感到困惑的一大难题。为了解决这一难题，玻尔提出了基于能级的原子模型：玻尔认为在原子内部原子核和电子的位置和运动关系之间，存在一系列离散的稳定状态——定态，电子的能量不能连续取值而只能处于一系列分立的值，称为原子的能级，如图 1.13 所示。电子在这些定态的能级上运动时能量守恒，不

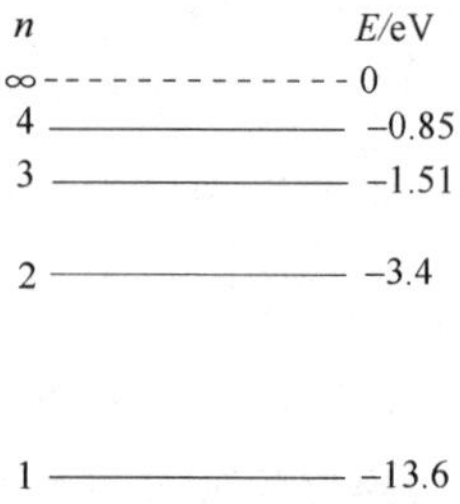

图 1.13 原子的能级简图

会向外辐射能量，这称为玻尔的定态假设。量子化能级的出现是原子稳定性的基石，因为能级之间是禁区。

在一定的条件下，原子内部状态可以发生变化，原子可以从一个定态跃迁到另一个定态，即电子可以从一个能级跃迁到另一个能级。电子在能级之间的跃迁将伴随着光的吸收和发射，这是光和物质的相互作用的一个典型的情形。在分析光和物质的相互作用时，应当用爱因斯坦的光子学说来描述其特性：光在传播过程中具有波动的特性，然而在发射与吸收的过程中却具有类似粒子的性质。光本身只能一份一份地发射，物体吸收光也是一份一份地吸收，即发射或吸收的能量都是光的某一最小能量的整数倍。这最小的一份能量称为光能量子，简称光子。而在光和物质的相互作用中，被发射或吸收的光子的能量就等于跃迁前后能级的能量差。即

$$\varepsilon = h\nu = E_2 - E_1 \tag{1.1}$$

光与物质的相互作用可分为自发辐射、受激辐射、受激吸收三种类型。

自发辐射是处于高能级的原子没有受到外来光子影响而自发地跃迁到低能级，从而发出一个光子的过程，如图 1.14 所示。在自发辐射时，由于每一个原子的跃迁都是自发地、独立地进行，它们彼此毫无关联，因此发射出来的光子，无论是发射方向还是初相和偏振状态都可以各不相同。又因为跃迁可以在各个不同能级间发生，故光子可以具有不同的频率。

对于气体放电光源而言，由于气体原子之间互相影响极小，故总体而言可视为独立的，而气体放电光源的发光机理就是以上的原子自发辐射的结果。

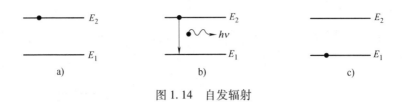

图 1.14　自发辐射

受激辐射是在外来光子的激励下，高能级的原子向低能级跃迁，并发出另一个同频率的光子的过程。受激辐射出来的光子与引起这种辐射的原来光子的性质、状态完全相同，即具有相同的发射方向、频率、相位和偏振态。因而，受激辐射发出的光是相干的，受激辐射是产生激光的前提。

原子吸收一定频率的光子的能量而从低能态跃迁到高能态的过程称为受激吸收。

无论是自发辐射发出普通光还是受激辐射发出激光的情形，当从总体上辐射大于吸收时，从宏观上就会表现出发光。

3. 固体照明光源（LED）

LED 是当前最主要的固体照明光源，以下简述 LED 的发光机理。

LED 在本质上是一种能够将电能直接转化为光能的半导体，它的发光机理是电致发光。LED 发光所属的电致发光也归于冷光的范畴。这种发光不存在如白炽灯那样先将电能转变成热能，继而使物体温度升高而发光的现象，故这种光属于冷光。通常有两种电致发光现象，EL 屏是利用固体在电场作用下的发光现象所制成的光源，荧光材料在电场的作用下，导带中的电子被加速到足够高的能量并撞击发光中心，使发光中心激发或电离，激活的发光中心回到基态或与电子复合而发光，荧光材料中不同的激活剂决定了发光的颜色。

虽然 LED 发光仍属于冷光的范畴，而且其发光本质也可以用能级跃迁来解释，但由于其结构是半导体，故 LED 发光机理和以上的气体放电光源相比仍有较大的差别。要理解 LED 的发光机理，首先需要了解半导体的结构特性。

（1）晶体中的能带

半导体属于晶体，根据其纯度可分为本征半导体和杂质半导体，理想的本征半导体中原子严格地周期性排列，晶体具有完整的晶格，晶体中无杂质，无缺陷。电子在周期场中做共有化运动，形成允带和禁带——电子能量只能处在允带中的能级上，禁带中无能级。由本征激发提供载流子。

晶体中的原子之间排列的致密性与气体原子之间相比有着天渊之别，由于排列紧密，原子之间由于相互作用，能级会发生分裂，形成能带，现象如图 1.15 所示。

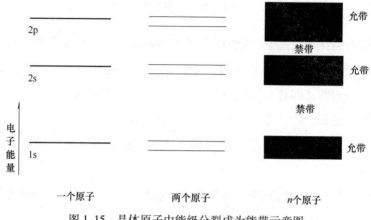

图 1.15　晶体原子中能级分裂成为能带示意图

从图 1.15 中可见，气体原子中的能级是完全离散的，而在晶体中分裂成在某些能量处可以连续分布的一段空间，这样，对于相同成分的原子而言，在固态时，能级之间的能量间距比气态时降低了。从图 1.15 中还可见，禁带就是能级分裂后原来的上下能级之间的间距，也就是电子的能量不能达到的区域。这一变化使得固态光源发光特性与气态光源有所不同。

此外，气态光源中的能级之间跃迁而发光的情形可以出现在灯具充气腔内的每一个地方，而固态光源由于是 pn 结发光，只能发生在 pn 结处，详见以下分析。

（2）pn 结及其特性

实际的半导体材料中总是有杂质、缺陷，使周期场破坏，在杂质或缺陷周围引起局部性的量子态——对应的能级常常处在禁带中，对半导体的性质起着决定性的影响。而杂质电离提供载流子。杂质的来源主要有以下几种情形：由于纯度有限，半导体原材料所含有的杂质；半导体单晶制备和器件制作过程中的污染；为改变半导体的性质，在器件制作过程中有目的掺入的某些特定的化学元素原子。

V 族元素在硅、锗中电离时能够释放电子而产生导电电子并形成正电中心，称此类杂质为施主杂质或 n 型杂质。施主杂质电离后成为不可移动的带正电的施主离子，同时向导带提供电子，使半导体成为电子导电的 n 型半导体。

Ⅲ族元素在硅、锗中电离时能够接受电子而产生导电空穴并形成负电中心，称此类杂质为受主杂质或 p 型杂质。受主杂质电离后成为不可移动的带负电的受主离子，同时向价带提供空穴，使半导体成为空穴导电的 p 型半导体。

在一块 n 型（或 p 型）半导体单晶上，用适当的工艺方法（如：合金法、扩散法、生长法、离子注入法等）把 p 型（或 n 型）杂质掺入其中，使这块单晶的不同区域分别具有 n 型和 p 型的导电类型，在两者的交界面处就形成了 pn 结。

以下分析 pn 结处于无外加电场的自平衡状态时的特性。

pn 结中包含两块半导体，一块是 n 型，一块是 p 型。在 n 型半导体中电子很多而空穴很少，在 p 型半导体中空穴很多而电子很少。图 1.16 所示为 n 型和 p 型半导体的能带图。

当这两块半导体结合形成 pn 结时，由于它们之间存在载流子浓度梯度，导致了空穴从 p 区到 n 区，电子从 n 区到 p 区的扩散运动。对于 p 区，空穴离开后，留下了不可动的带负电的电离受主，由于没有正电荷与这些电离受主保持电中性，因此，在 pn 结附近 p 区一侧出现了一个负电区域。同理，在 pn 结附近 n 区一侧出现了由电离施主构成的一个正电荷区，通常把在 pn 结附近的这些电离施主和电离受主所带的电荷称为空间电荷。它们所存在的区域称为空间电荷区，如图 1.17 所示。

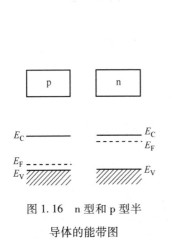

图 1.16　n 型和 p 型半
导体的能带图

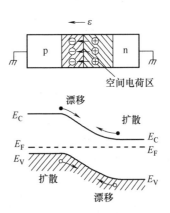

图 1.17　pn 结的空间电荷区

空间电荷区中的这些电荷产生了从 n 区指向 p 区，即从正电荷指向负电荷的电场，称为内建电场。在内建电场的作用下，载流子做漂移运动。显然，电子和空穴的漂移运动方向与它们各自的扩散运动方向相反。因此，内建电场起着阻碍电子和空穴继续扩散的作用。

随着扩散运动的进行，空间电荷逐渐增多，空间电荷区也逐渐扩展；同时，内建电场逐渐增强，载流子的漂移运动也逐渐加强。在无外加电压的情况下，载流子的扩散和漂移最终将达到动态平衡，即从 n 区向 p 区扩散过去多少电子，同时就有同样多的电子在内建电场的作用下返回 n 区。因而电子的扩散电流和漂移电流大小相等、方向相反而互相抵消。对于空穴，情况完全相似。因此，没有电流流过 pn 结，或者说流过 pn 结的净电流为零。这时空间电荷的数量一定，空间电荷区不再继续扩展，保持一定的宽度，其中存在一定的内建电场。一般称这种情况为热平衡状态下的 pn 结（简称为平衡 pn 结）。

平衡 pn 结的情况，可以用图 1.18 中所示的能带图表示。当两块半导体结合形成 pn 结时，按照费米能级的意义，电子将从费米能级高的 n 区流向费米能级低的 p 区，空穴则从 p 区流向 n 区，因而 E_{Fn} 不断下移，而 E_{Fp} 不断上移，直至 $E_{Fn} = E_{Fp}$ 时为止。这时 pn 结中有统一的费米能级 E_F，pn 结处于平衡状态。

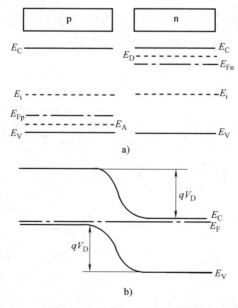

图 1.18　平衡 pn 结的能带图

由图 1.18 可看出，在 pn 结的空间电荷区中能带发生弯曲，这是空间电荷区中电势变化的结果。因能带弯曲，电子从势能低的 n 区向势能高的 p 区运动时，必须克服这一势能"高坡"，才能到达 p 区；同理，空穴也必须克服这一势能"高坡"，才能从 p 区到达 n 区，这一势能"高坡"通常称为 pn 结的势垒，故空间电荷区也叫势垒区。

平衡 pn 结的空间电荷区两端间的电势差 V_D，称为 pn 结的接触电势差或内建电势差。相应的电子电势能之差，即能带的弯曲量 qV_D 称为 pn 结的势垒高度。由图 1.18 可知，势垒高度正好补偿了 n 区和 p 区费米能级之差，使平衡 pn 结的费米能级处处相等，因此有：

$$qV_D = E_{Fn} - E_{Fp} \tag{1.2}$$

$$V_D = \frac{kT}{q} \ln \frac{N_D N_A}{n_i^2} \tag{1.3}$$

式（1.3）表明，V_D 和 pn 结两边的掺杂浓度 N_A、N_D，温度 T、材料的禁带宽度 $1/n_i^2$ 有关。

在平衡 pn 结中，存在着具有一定宽度和势垒高度的势垒区，其中相应地出现了内建电场；每一种载流子的扩散电流和漂移电流互相抵消，没有净电流通过 pn 结；相应地在 pn 结中费米能级处处相等。

（3）pn 结电流电压特性

当 pn 结两端有外加电压时，pn 结将会处于非平衡状态。

1）pn 结加正向偏压（即 p 区接电源正极，n 区接电源负极）时。

因为势垒区内载流子浓度很小，电阻很大，势垒区外的 n 区和 p 区中的载流子浓度很大，电阻很小，所以外加正向偏压基本上降落在势垒区。正向偏压在势垒区产生了与内建电场方向相反的电场，因而减弱了势垒区中的电场强度，这就表明空间电荷相应减少。故势垒区的宽度也减小，同时势垒高度从 qV_D 下降为 $q(V_D-V)$，如图 1.19 所示。

势垒区电场减弱，破坏了载流子的扩散运动和漂移运动之间原有的平衡，削弱了漂移运动，使扩

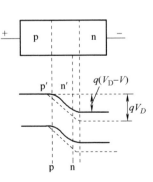

图 1.19　正向偏压时

pn 结势垒的变化

散流大于漂移流。所以，在正向偏压下，产生了电子从 n 区向 p 区以及空穴从 p 区向 n 区的净扩散流。

电子通过势垒区扩散进入 p 区，在边界 pp'处形成电子的积累，成为 p 区的非平衡少数载流子，结果使 pp'处的电子浓度比 p 区内部高，形成了从 pp'处向 p 区内部的电子扩散流。非平衡载流子边扩散边复合，经过比扩散长度大若干倍的距离后，全部被复合。这一段区域称为扩散区。在一定的正向偏压下，单位时间内从 n 区来到 pp'处的非平衡少子浓度是一定的，并在扩散区内形成稳定的分布。这样，在 pp'处就有一条不变的向 p 区内部流动的电子扩散流。同理，在边界 nn'处也有一条不变的向 n 区内部流动的空穴扩散流。当增大偏压时，势垒降得更低，增大了流入 p 区的电子流和流入 n 区的空穴流，这种由于外加正向偏压的作用使非平衡载流子进入半导体的过程称为非平衡载流子的电注入。

2）pn 结加反向偏压（即 n 区接电源正极，p 区接电源负极）时。

当 pn 结加上反向偏压 V 时，反向偏压在势垒区产生的电场与内建电场方向一致，势垒区的电场增强，势垒区也变宽，势垒高度由 qV_D 增高为 $q(V_D-V)$，如图 1.20 所示。

势垒区的增强，破坏了载流子的扩散运动和漂移运动之间原有的平衡，增强了漂移运动，使漂移流大于扩散流。这时 n 区边界 nn'处的空穴被势垒区的强电场驱向 p 区，而 p 区边界 pp'处的电子被驱向 n 区。当这些少数载流子被电场驱走后，内部的少子就来补充，形成了反向偏压下的电子和空穴扩散电流，这种情况好像少数载流子不断地被抽出来，所以称为少数载流子的抽取或吸出。pn 结中总的反向电流等于势垒区边界 nn'和 pp'附近的少数载流子

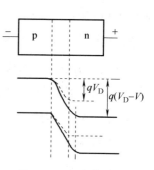

图 1.20　反向偏压时
pn 结势垒的变化

扩散电流之和。因为少子浓度很低，而扩散长度基本不变化，所以反向偏压时少子的浓度梯度也较小；当反向偏压很大时，边界处的少子可以认为是零。这时少子的浓度梯度不再随电压变化，因此扩散电流也不随电压变化，所以在反向偏压下，pn 结的电流较小并且趋于不变。

LED 是一种固态的半导体器件，LED 的核心部分是一个半导体的晶片（即芯片），晶片的一端附在一个支架上，其中一端连接电源的负极，另一端连接电

源的正极，使整个晶片被环氧树脂封装起来。半导体晶片由两部分组成，一部分是 p 型半导体，在它里面空穴占主导地位，另一端是 n 型半导体，在这边主要是电子。但这两种半导体连接起来的时候，它们之间就形成一个"pn 结"。当外加的正向电场电流作用于这个晶片的时候，电子就会被推向 p 区，在 p 区里电子跟空穴复合，如果这一 pn 结是用能够发光的半导体材料构成的话，那么电子跟空穴复核后就会以光子的形式发出能量，这就是 LED 发光的机理。因此，LED 发光实质上是芯片发光，更加具体一点，就是 pn 结发光。LED 发光属于电致发光中的注入式场致发光，以上分析的 LED 发光机理如图 1.21 所示。

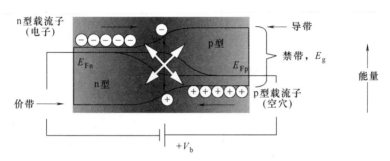

图 1.21 LED 芯片中的 pn 结发光机理

电致发光实际上也是一种能量的变换与转移的过程。电场的作用使系统受到激发，将电子由低能态跃迁到高能态，当它们从高能态回到低能态时，根据能量守恒原理，多余的能量将以光的形式释放出来，这就是电致激发发光。发光波长取决于电子的能量差，这是由形成 pn 结的材料决定的。

$$\Delta E = h\nu = hc/\lambda = 1.24\lambda \tag{1.4}$$

式中，$\Delta E = E_1 - E_2$；E 是发射光子所具有的能量，以 eV（电子伏特）为单位；λ 为光子波长，以 nm 为单位。由式（1.4）可知，激发电子的能量差 ΔE 越高，所发出的电子光子就越短，颜色发生蓝移，反之，激发电子的能量差变小，所发出光子的波长就会红移。通常，禁带宽度越大，辐射出的能量越大，对应的光子具有较短的波长，反之具有较长的波长，因此，由于半导体晶体禁带宽度的不同，就发出从紫外到红外不同颜色、不同强度的光线。

如果 pn 结加反向电压，则电场的方向变为阻止少数载流子的注入，即电子会被电场"拉回"n 区，故少数载流子难以注入，pn 结处于截止状态，因此不发光。

任务四 认识两种新的光源 OLED 与 QLED

一、OLED 简介

目前，当 LED 技术正处于迅猛发展的时候，另一同样很有发展前景的固体光源——有机发光半导体（Organic Light Emitting Diode，OLED）（见图 1.22）正在逐步进入人们的视野。虽然无论是从器件特性还是应用的角度看，OLED 均可看成是 EL 屏和 LED 在某种意义上的结合体，但这一种新兴的光源还是明显具备其自身的特色的，以下对其做简单的介绍。

图 1.22 OLED 的外观及发光示意图

1. OLED 的工作原理

OLED 是指有机半导体材料和发光材料在电场的驱动下，通过载流子注入和复合导致发光的现象。其原理是用 ITO 透明电极和金属电极分别作为器件的阳极和阴极，在一定的电压驱动下，电子和空穴分别从阴极和阳极注入电子和空穴传输层，电子和空穴分别经过电子和空穴传输层迁移到发光层，并在发光层中相遇，形成激子并使发光分子激发，发光分子便经过辐射发出可见光。辐射光可从 ITO 一侧观察到，金属电极膜同时也起了反射层的作用。从目前有机电激发光元件的技术发展情况看来，绿光、蓝光、红光都有相关的材料开发，其中以绿光的技术最成熟，而红光的技术正在加紧研发中。

实现用于照明的白光 OLED，主要有以下两种方法：

1）波长转换法：是用发蓝光的 OLED 激发黄色、橙色、红色荧光或磷光粉来实现白光。

2）颜色混合法：是用蓝光和橙光两种补偿光或红、绿、蓝三基色光通过掺杂或多层的方式实现白光的方法。

2. 照明 OLED 技术参数

1）OLED 的理论光效可达到近 200lm/W。

2）OLED 在照明应用上的产业目标是在 1000cd/m²，达到 50 ~ 80lm/W 的效率。

3）目前，用于照明的白光 OLED 产品光效可达 60lm/W 以上，显色指数约为 80。

3. OLED 实现工艺

发光层有机半导体是构成 OLED 元件的核心材料。该有机半导体的形成方法大致分为蒸镀法和印刷法，现在的主流方法是蒸镀法。

近年来印刷法也备受关注，因为印刷法有望进一步增大 OLED 的尺寸，降低成本。一般是在发光层使用高分子类材料来实现印刷法制作的。过去多使用旋涂法，最近开始讨论狭缝涂布法、喷雾法、喷墨法、凹印法、转录法等能够高效印刷的方法。其中，技术进步较大的是狭缝涂布法，目前已经开发出了能以 100mm/s 的涂布速度，实现膜厚 50nm±5% 精度的装置。

4. OLED 照明应用

利用 OLED 照明的大面积优势，可以在天花板及墙壁上安装大面积的 OLED 光源，让天花板及墙面发出的是整面柔和的亮光，而不是像灯泡、荧光灯那样是局部照明，使得光源让人感觉更温和、舒服。

另外也可配合灯具机构的设计，制作出垂吊式的照明灯具，可呈现出可调整角度的照明装置。也可利用 OLED 照明轻、薄的特性，设计出片状的照明灯具，让灯具轻得可以随风摇曳，使一般照明也可以呈现出不同情境的照明感觉。

5. OLED 与 LED 照明的对比

OLED 与 LED 同属固态照明，具有发热量低、耗电量小、反应速度快、体积小、耐振耐冲撞、易开发成轻薄短小产品等优点。

OLED 照明和 LED 照明相比，其具有面光源优势，即比 LED 的点光源在不同的应用上有更高的发光效率。OLED 采用直流低电压的方式驱动，可产生高亮度的照明，且不包含水银这些有毒物质。另外，在使用寿命方面也正在开发比荧光灯更长的设计，被视为是新时代的优秀光源。

OLED 照明除了取代现有的小灯泡照明灯源之外，也可以取代目前正在成长的 LED 灯源的应用市场。

OLED 与 LED 的性能比较如图 1.23 所示。

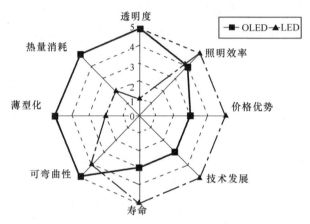

图 1.23　OLED 与 LED 的性能比较

二、QLED 简介

2002 年，美国麻省理工学院首次报道了发明一种新型的发光器件——量子点发光器件（Quantum Light Emitting Device，QLED），它能产生和发出任意波长可见光，即可发出各种颜色的光。QLED 的外观及发光效果图如图 1.24 所示。

图 1.24　QLED 的外观及发光效果图

QLED 的发光机理与现在的 LED 以及 OLED 是完全不同的，LED 以及 OLED

是基于空穴和电子复合发光的半导体原理，而 QLED 是建立在纳米粒子离子阱受激发光的原理上，但 QLED 与 LED 和 OLED 均同属固态光源。

量子点是准零维的纳米材料，由少量的原子构成。粗略地说，量子点三个维度的尺寸都在 10nm 以下，是一种肉眼看不见的纳米颗粒，外观恰似一极小的点状物。量子点又称为纳米晶，由锌、镉、硒和硫原子组合而成，由于电子和空穴被量子限域，受激后可以发射荧光，波长与纳米粒子大小有关。因此，在收到外来能量激发后，不同尺寸的量子点将发出不同波长的荧光，也就是不同光色的光，并具有光色纯度高（发光半峰宽度窄）、发光颜色纯正的优势。而目前由无机半导体材料做成的单只常规 LED，每种通常只能发出一种光谱的波长，也就是一种颜色的光；这在很大程度上限制了 LED 的应用或增大了其实施的复杂性。

量子点 LED 发光层由半导体量子点胶体溶液旋涂制成，因而相对于目前的 LED 具有制备过程简单、成本低、可制成柔性器件等优点。

在技术上，量子发光材料要求采用特殊的激光设备和工艺来制备纳米发光材料粒子，并正在被攻克。目前，取代有毒的镉元素以及精确控制光谱辐射波长的难点已基本得到解决。量子点以无机量子点作为发光层的复合性材料，不但具有小分子和高分子材料的诱人特性，而且相对于目前的 LED，其全新的制造工艺更为优越，还可降低严格封装的要求。量子点同时兼具高分子的溶解性以及磷光材料的高发光效率潜能，发光量子效率远比传统 LED 高得多。由于量子点是由无机材料所构成，使得它们在水气或氧气中，比同类的有机半导体更为稳定。此外，还能局限量子发光性质，并释放出较小频宽的色光，不易发生光谱漂移，因而呈现出更佳的饱和光色或纯色。由于纳米晶体的直径控制了量子点的光学能隙，使得发光光色特性的判定及最佳化程序变得更简化。

习题与思考

1. LED 是什么器件的简称？它是一种怎样的器件？

2. 简述直插式 LED 的内部结构。

3. 从封装结构上看，LED 可分为哪几类？

4. LED 的发光机理是怎样的？LED 发光的颜色是由什么因素决定的？

项目二　LED 的特性参数

学习目标与任务导入

项目二主要介绍 LED 的特性参数，特性参数是描述 LED 的工作状态以及其性能指标的参数，了解和掌握特性参数对 LED 产品的器件选型和系统结构域性能设计都具有重要的意义。LED 是一种电光源，因此光学特性和电学特性是非常关键的特性，由于光学特性涉及光度学和色度学方面的许多基本概念的理解，故本章把 LED 的光学特性分解为光度学特性和色度学特性两个部分来介绍，分别做较为详细的分析，进而介绍 LED 的电学特性。此外，由于 LED 灯具的散热问题是当前 LED 灯具应用和推广中面临的主要难题之一，因此热学特性也是 LED 的重要特性。最后，介绍 LED 的其他方面的特性，如响应时间、寿命等。

任务一　认识 LED 的光度学特性

由于 LED 的主要用途是照明以及显示，故光学特性是 LED 最重要的特性参数体系。光学特性包括描述其发光强弱和其光强空间分布情况的光度学特性如光通量、发光强度、亮度、光束发散角等，以及描述其颜色（色光 LED）或颜色倾向性（白光 LED）的色度学特性参数如波长或颜色（光谱特性）、色温、显色指数等。

首先分析其光度学特性。根据上文所述，白炽灯的热辐射和 LED 等冷光源的"发光"属于不同机理的光发射过程，但对外界的光探测器如人眼等而言，探测到的只是光辐射的强弱以及光强随空间方向的关系，而不必理会其光源的发光机理。

　　光源光度学特性主要包括它发出的光的总量多少，它发出的光在某一个特定方向上的强弱，以及它发出的光强随空间的分布情况等。要掌握这些概念，首先要了解电磁波的辐射度学以及光度学的基本概念。

一、辐射度学与光度学的基本概念

1. 辐射量与光学量

　　光在本质上属于电磁波的范畴，可见光是波长在 380～760nm 范围内的电磁波，也就是人视觉能感受到"光亮"的电磁辐射，波长超出这一范围的电磁辐射，哪怕其辐射强度再大，人眼也是无法感受到的。

　　电磁波的波长范围是极其广阔的，可从短波段 10^{-14}m 量级覆盖至长波段的 10^8m 量级，而可见光的波长为 10^{-7}m 量级，具体为 380～760nm，只占整个电磁波谱的很窄一部分。可见光的波长不同，引起人眼的颜色感觉就不同，通常认为可见光包括 7 种不同颜色的单色光，具体为：红色 620～760nm，橙色 590～620nm，黄色 545～590nm，绿色 500～545nm，青色 470～500nm，蓝色 430～470nm，紫色 380～430nm。可见光中波长最短的是紫光，其频率最高，波长最长的是红光，其频率最低，从紫光过渡到红光，其波长逐渐增加。电磁波的波长超出可见光范围人眼便不可见，在电磁波谱中与可见光左右相接的分别为紫外辐射（通常又称紫外线）和红外辐射（通常又称红外线），紫外辐射的波长范围是 400～10nm。通常将其分为三部分：近紫外、远紫外和极远紫外（真空紫外辐射）。红外辐射的波长范围位于 0.76～1000μm。通常分为近红外、中红外和远红外。

　　（1）辐射量

　　尽管位于可见光波长范围之外的电磁辐射不能为人眼所感知，但作为一种能量的发射，它依然是客观存在的，不同波长的辐射能够被相应的探测仪器所探测到，而且对人体也是有影响的，有些辐射、特别是高频辐射，对人体有极大的危害，甚至可以致命。因此，抛开波长的差异不论，对于电磁辐射，应当有一些参数来衡量其强弱，这些用来衡量电磁辐射强弱的参数就是辐射量。

　　辐射量包括辐射能、辐射通量、辐射出射度、辐射强度、辐射亮度、辐射照度六个。其中主要掌握辐射能和辐射通量。

1）辐射能 Q_e。

辐射能（通常用 Q_e 表示）是以辐射形式发射或传输的电磁波能量。当辐射能被其他物质吸收时，可以转变为其他形式的能量，如热能、电能等。显然，辐射能的量纲就是能量的量纲，其单位是焦耳（J）。

2）辐射通量 Φ_e。

辐射通量 Φ_e 又称为辐射功率，是指以辐射形式发射、传播或接收的功率。其定义为单位时间内流过的辐射能量。即

$$\Phi_e = \frac{dQ_e}{dt} \tag{2.1}$$

辐射通量的量纲就是功率的量纲，单位为瓦特（W）。

除了以上两个主要的辐射量之外，还有以下四个辐射量：

1）辐射出射度：辐射出射度是用来反映物体辐射能力的物理量。其概念为辐射体单位面积向半球面空间发射的辐射通量。

2）辐射强度：其概念为点辐射源在给定方向上发射的在单位立体角内的辐射通量。

3）辐射亮度：其概念为面辐射源在某一给定方向上的辐射通量。

4）辐射照度：其概念为照射在某面元 dA 上的辐射通量与该面元的面积之比。与以上几个概念不同的是辐射照度是在辐射接收面上定义的概念，而以上几个则是在辐射发射面（或点）上定义的概念。

（2）光学量

以上所述的辐射量描述了电磁辐射能量、功率等参数的大小，也就是电磁辐射在客观上的强弱。但是，由于可见光的波长只占整个电磁波谱中一段很狭窄的范围，如果某一辐射的波段落在这一范围之外，那么无论辐射功率如何得大，人眼也是无法感知的。换言之，对于非可见光波段的电磁辐射而言，无论其辐射量的大小如何，其对应的光学量都为零。

因此，为了描述人眼所能够感受到的光辐射的强弱，必须在辐射量的基础上再建立一套参数来描述可见光辐射的强弱，这就是光学量。光学量包括光通量、光出射度、光照度、发光强度、光亮度等。

1）光通量 Φ_v。

光通量 Φ_v 是衡量可见光对人眼的视觉刺激程度的量，或者说是指人眼所能感觉到的辐射通量。

与光通量对应的辐射量是辐射通量 Φ_e，光通量的大小就是总的辐射通量中能被人眼感受到的那部分的大小。光通量的量纲与辐射通量一样仍是功率的量纲。但因为人的视觉对光辐射的感受还与光的颜色（波长）有关，所以光通量并不采用通用的功率单位瓦特作为单位，而是采用根据标准光源及正常视力而特殊定制的"流明"作为单位，用符号表示则是 lm。波长为 555nm 的单色光（黄绿色）每瓦特的辐射通量对应的光通量等于 683lm。

由于人眼对不同波长光的相对视见率不同，所以不同波长光的辐射功率相等时，其光通量并不相等。例如，当波长为 555nm 的绿光与波长为 650nm 的红光辐射功率相等时，前者的光通量为后者的 10 倍。

光通量是光学量的主要单位之一，辐射通量与光通量之间主要通过如图 2.1 所示的关系来联系。

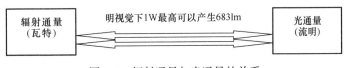

图 2.1　辐射通量与光通量的关系

由光通量这一主要光学量可以引出以下两个光学量：光出射度、光照度。

2）光出射度 M_v。

光源单位面积发出的光通量称为光源的光出射度，通常用符号表示为 M_v。即

$$M_v = \frac{\mathrm{d}\Phi_v}{\mathrm{d}A} \tag{2.2}$$

光出射度的单位为 $\mathrm{lm/m^2}$。

3）光照度 E_v。

被照表面单位面积接受的光通量称为光照度，通常用符号 E_v 表示。即

$$E_v = \frac{\mathrm{d}\Phi_v}{\mathrm{d}A} \tag{2.3}$$

光照度和光出射度的区别在于一个是（光源）单位面积发出的光通量，另

一个是（被照表面）单位面积接收的光通量。显然，光照度和光出射度应当具有相同的量纲。当用来描述被照表面的光照度时，其单位流明每平方米又被称为勒克斯（lx）。

4）发光强度 I_v。

点光源在单位立体角内发出的光通量称为发光强度。即

$$I_v = \frac{\mathrm{d}\varPhi_v}{\mathrm{d}\varOmega} \tag{2.4}$$

值得注意的是发光强度是国际单位制中的七个基本量之一，也是基本的光学量。发光强度的单位是坎德拉（cd），又可称为"烛光"。根据国际单位制的规定：一个波长为 555nm 的单色光源（黄绿色），在某方向上的辐射强度为 $\frac{1}{683}$W/sr（式中 sr 为立体角的单位：球面弧度，或简称球面度），则该点光源在该方向上的发光强度为 1cd。由于发光强度是国际单位制的基本单位，光通量的单位流明可以视为从坎德拉中导出：发光强度为 1cd 的匀强点光源，在单位立体角内发出的光通量即为 1lm。

发光强度是用来描述点光源发光特性的光学量，引入发光强度的意义是为了描述点光源在某一指定方向上发出光通量能力的大小：在指定方向上的一个很小的立体角元内所包含的光通量值，除以这个立体角元，所得的商即为光源在此方向上的发光强度。

显然，点光源的发光强度是和发光方向有关的，对于发光强度各向异性的点光源，其总的光通量可用下式求得：

$$\varPhi_v = \int_{\varOmega} I_v \mathrm{d}\varOmega \tag{2.5}$$

而对于各向同性的点光源，其总的光通量就比较简单。如果发光强度为 I_v，则光通量为 $\varPhi_v = 4\pi I_v$。

5）光亮度 L_v。

光亮度是指某发光面元 dA 在某方向 θ 上单位面积的发光强度。根据发光强度和光通量之间的关系，也可以指光源单位面积在某一方向上单位立体角内的光通量。即

$$L_v = \frac{I_v}{\cos\theta \mathrm{d}A} = \frac{\mathrm{d}\varPhi_v}{\cos\theta \mathrm{d}A \mathrm{d}\varOmega} \tag{2.6}$$

式中，θ 是面元 dA 的法线方向与考察方向的夹角；光亮度的单位为 cd/m²。式 (2.6) 的说明如图 2.2 所示。

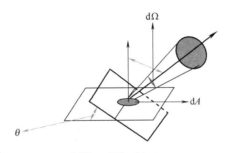

图 2.2   面元 dA 在 θ 方向上的光亮度示意图

光亮度虽不是基本的光学量，但却是体现包括光源和被照表面在内的任意发光表面在人眼看上去的表观明暗程度的重要光学量。常见发光表面的发光亮度见表 2.1。

表 2.1   常见发光表面的发光亮度

表 面 名 称	光亮度（cd/m²）	表 面 名 称	光亮度（cd/m²）
在地面上看到太阳表面	$(1.5 \sim 2.0) \times 10^9$	100W 白炽钨丝灯	6×10^6
日光下的白纸	2.5×10^4	6V 汽车头灯	1×10^7
白天晴朗的天空	3×10^3	放映灯	2×10^7
在地面上看到的月亮的表面	$(3 \sim 5) \times 10^3$	卤钨灯	3×10^7
月光下的白纸	3×10^2	超高压球形汞灯	$1 \times 10^8 \sim 2 \times 10^9$
蜡烛的火焰	$(5 \sim 6) \times 10^3$	超高压毛细管汞灯	$2 \times 10^7 \sim 1 \times 10^9$

以上各光学量的单位除了本节介绍的标准单位之外，还有非标准的一些单位，如发光强度的单位可用"国际烛光"等，详见相关参考资料。

2. 辐射量和光学量之间的关系

表 2.2 列出了辐射量和光学量之间的对应关系，从表 2.2 中可见，对应的辐射量和光学量之间的量纲是一致的，例如辐射能和光能量都是能量量纲，辐射通量和光通量都是功率量纲等。而由于光学量是依赖于人眼的主观感受的，因此其单位一般要特别制定而与对应的辐射量不同。

表 2.2 辐射量和光学量之间的对应关系

辐射量				对应的光学量			
名称	符号	定 义	单位	名称	符号	定 义	单位
辐射能	Q_e		J	光能量	Q_v	$Q_v = \int \Phi_v \mathrm{d}t$	lm·s
辐射通量	Φ_e	$\Phi_e = \mathrm{d}Q_e/\mathrm{d}t$	W	光通量	Φ_v	$\Phi_v = \int I_v \mathrm{d}\Omega$	lm
辐射出射度	M_e	$M_e = \mathrm{d}\Phi_e \mathrm{d}S$	W/m^2	光出射度	M_v	$M_v = \mathrm{d}\Phi_v/\mathrm{d}S$	lm/m^2
辐射强度	I_e	$I_e = \mathrm{d}\Phi_e/\mathrm{d}\Omega$	W/sr	发光强度	I_v	$I_v = \mathrm{d}\Phi_v/\mathrm{d}\Omega$	cd
辐射亮度	L_e	$L_e = \mathrm{d}I_e/(\mathrm{d}S\cos\theta)$	$W/m^2 \cdot sr$	光亮度	L_v	$L_v = \mathrm{d}I_v/(\mathrm{d}S\cos\theta)$	cd/m^2
辐射照度	E_e	$E_e = \mathrm{d}\Phi_e/\mathrm{d}A$	W/m^2	光照度	E_v	$E_v = \mathrm{d}\Phi_v/\mathrm{d}A$	lx

下面以辐射通量和光通量的关系为切入点说明辐射量和光学量的关系。

（1）光谱光效率函数

用普适的信号与系统分析的理论来看，人眼可以视为一个可见光探测器系统，其输入信号是可见光辐射的辐射量，而其输出信号则是光学量。因此，辐射量和光学量的关系取决于人的视觉特性。实验表明，具有相同辐射通量而波长不同的可见光分别作用于人眼，人眼感受到的明亮程度即光学量是不同的，这表明人的视觉对不同波长的光具有不同的灵敏度。人眼对不同波长的光的灵敏度是波长的函数，这一函数称为光谱光效率函数（或称为光谱光视效率）。实验还表明，在观察视场明暗程度不同的情况下，光谱光效率函数也会稍有不同。这是由于人眼的明视觉和暗视觉是由不同类型的视觉细胞来实现的。

1）明视觉。

在光亮（几个 cd/m^2 以上）条件下，人眼的锥体细胞起作用。

明视觉条件下，锥体细胞能分辨物体的细节，很好地区分不同的颜色。

2）暗视觉。

在暗条件下，亮度约在百分之几 cd/m^2 以下时，人眼的杆体细胞起作用。

在暗视觉条件下，杆体细胞能感受微光的刺激，但不能分辨颜色和细节。

（2）辐射量和光学量之间的具体关系

图 2.3 描述了在明视觉和暗视觉条件下的光谱光效率函数，其中虚线为暗视

觉条件下的光谱光效率函数 $V'(\lambda)$，而实线则是明视觉条件下的光谱光效率函数 $V(\lambda)$。

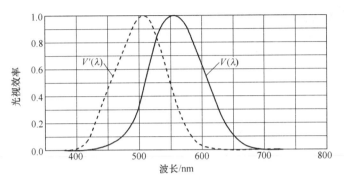

图 2.3　明视觉和暗视觉条件下的光谱光效率函数

从图 2.3 中可见：在明视觉条件下人眼视觉系统最敏感的波长约为 555nm，这一波长的光是黄绿色的，而在暗视觉条件下人眼视觉系统最敏感的波长约为 507nm。

根据光谱光效率函数，可以得到在某一波长 λ 附近的小波长间隔 $d\lambda$ 内，光通量 $d\Phi_v(\lambda)$ 和辐射通量 $\Phi_e(\lambda)$ 的关系如下式所示

$$明视觉条件下：d\Phi_v(\lambda) = K_m V(\lambda)\Phi_e(\lambda)d\lambda \tag{2.7}$$

$$暗视觉条件下：d\Phi_v(\lambda) = K'_m V'(\lambda)\Phi_e(\lambda)d\lambda \tag{2.8}$$

式中，$K_m = 683\text{lm/W}$ 为明视觉条件下波长 $\lambda = 555\text{nm}$、$V(\lambda) = 1$ 的单色光光谱效率值；$K'_m = 1755\text{lm/W}$ 为暗视觉条件下波长 $\lambda = 507\text{nm}$、$V'(\lambda) = 1$ 的单色光光谱效率值。

而在整个可见光波长范围内的总光通量 Φ_v，则可在整个可见光谱范围内对式（2.7）和式（2.8）积分得到，公式如下

$$明视觉：\Phi_v = \int_{380}^{780} K_m V(\lambda)\Phi_e(\lambda)d\lambda \tag{2.9}$$

$$暗视觉：\Phi_v = \int_{380}^{780} K'_m V'(\lambda)\Phi_e(\lambda)d\lambda \tag{2.10}$$

在 LED 芯片以及灯珠的光度学特性描述中，光通量是最重要的概念，它描述了 LED 光源发出的光中能够被人眼所感受到的那一部分的功率，而光通量的单位流明也是描述 LED 特性时最经常出现的重要参数，LED 灯珠性能的优劣通常先以其流明数进行区分。

此外，发光强度也是描述 LED 光度学特性的一个非常重要的参数，通常用发光强度的空间分布来描述 LED 发光的方向特性。

二、LED 发光的方向性

LED 灯珠或灯具产品的光学特性中，不仅要考虑其总发光量的大小，在许多场合，尤其是对光品质要求比较高的场合下，LED 发出的光沿空间各个方向的强弱分布情况也是需要考虑的主要因素。

一般对于 LED 产品低端的功能性分类而言，LED 发光的方向性可用其光束发散角来描述：光源的光束发散角是指光源最边沿的两条有效光线之间的夹角，这通常是指一个立体的发散角在其纵截面上的角度的大小。如果要考虑整个立体角上的光束发散情况，则发散角可指最边沿的一个有效光锥面包含的立体角。

LED 产品根据其发散角的大小可分为三类。该三类产品的发散角的大小主要根据灯珠反光杯或反射腔的光学设计来确定，对于发散角较大的产品，主要靠生产时加散射剂来控制。其具体分类如下：

1）高指向性。一般为尖头环氧封装，或是带金属反射腔封装，且不加散射剂。发光角度为 5°~20°或更小，具有很高的指向性，通常用作局部的照明光源。

2）标准型。通常作指示灯用，其发光角度为 20°~45°。

3）散射型。这是视角较大的指示灯，发光角度为 45°~90°或更大，散射剂的量较大。

LED 的发光角度是 LED 应用产品的重要参数。实际的 LED 灯珠生产过程中，LED 的封装外观形状、支架的碗杯结构、芯片以及本身的结构、封装胶水的折射率、材料品质的一致性、封装工艺（即芯片的发光高度位置）均会对发散角产生影响，要综合考虑这些因素进行设计。

LED 灯具发散角可通过专门的检测仪器进行检测，并通过照明光学设计软件进行设计。检测设计时，通常采用半功率角度，即 50%发光强度时的角度来描述光源发光的方向性（当然也可以使用 60%、80%甚至 90%的角度，这取决于不同的应用面）。

图 2.4 所示为某一实际 LED 光源的光强方向性检测曲线。

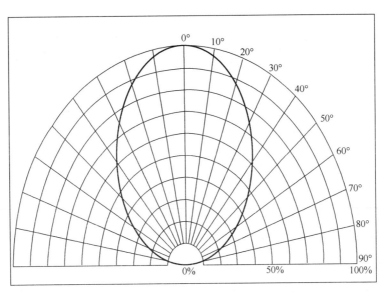

图 2.4 LED 光源的光强方向性检测曲线

任务二 认识 LED 的色度学特性

LED 的色度学特性是其光学特性的另一个重要方面，由于 LED 灯具对颜色要求的多样性，有些灯具对颜色的要求比较严格，于是，其色度学特性需要用包含波长（包括峰值波长、主波长、质心波长等次级概念）、色温、显色指数等来综合描述。要利用好这些相互关联的不同概念来进行 LED 灯具的色度学设计，首先要对颜色的形成机理及其描述方法有一个系统的认识。故以下首先介绍颜色的描述和基本颜色空间的概念。

一、颜色的描述与 RGB 颜色空间

人眼可见的光是波长在 380~760nm 范围内的电磁波，电磁波的波长超出这一范围人眼将无法感受到。在这一波长范围内，不同波长的光会引起人眼不同的"颜色"感觉，这就是颜色形成的机理，通常认为可见光包括七种不同颜色的单色光，具体为：红色 620~760nm，橙色 590~620nm，黄色 545~590nm，绿色 500~545nm，青色 470~500nm，蓝色 430~470nm，紫色 380~430nm，这七种单色光带给人眼七种不同的颜色感受。事实上，除了这七种颜色之外，人眼还可以

感受到在可见光波长范围内由波长连续变化而引起的连续变化彩色感受。另外，人眼还可以感受到黑色、白色、灰色等无色彩的颜色感受，以及粉红、暗红、土黄等颜色感受。那么，各种颜色形成的机理到底是怎么样的？其规律如何？这就是本小节要分析的问题。

1. 混色与三基色原理

根据上文所述，不同波长的单色光会引起不同的彩色感觉，但相同的彩色感觉却可以来源于不同的光谱组合，人眼只能体会彩色感觉而不能分辨光谱成分。不同光谱成分的光经混合能使人产生相同的彩色感觉，单色光可以由几种颜色的混合光来等效，几种颜色的混合光也可以由另外几种颜色的混合光来等效，这一现象称为混色。例如：彩色电视机中的彩色就是通过混色而实现的一个颜色复现过程，而并没有恢复原景物的辐射的光谱成分。

在进行混色实验时，人们发现只要选取三种不同颜色的单色光并按一定比例混合就可以得到自然界中绝大多数彩色，具有这种特性的三个单色光叫基色光，对应的三种颜色称为三基色，由此我们得到一个重要的原理：三基色原理。

三基色的选取并不是任意的，而是要遵循以下原则：

（1）三基色的选取原则

1）三者必须相互独立，也就是说其中任意一个基色不能有其他两个颜色混合配出，这样可以配出较多的彩色。

2）自然界中绝大多数彩色都必须按照三种基色分解。

3）混合色的亮度等于各个基色的亮度之和。

根据以上原则，在实际情况当中，通常选取红、绿、蓝三种颜色作为三基色，由此而形成了所谓的 RGB 颜色空间。

（2）三基色的混色方法

把三基色按照不同的混合获得彩色的方法称为混色法。混色法有相加混色法和相减混色法之分。彩色电视系统以及各种类型的计算机监视器等显示屏幕中，使用的是相加混色法。而印刷、美术等行业以及计算机的彩色打印机等输出设备使用的是相减混色法。

1）相加混色法。

相加混色法一般采用色光混色，色光混色是将三束圆形截面的红、绿、蓝单色光同时投影到屏幕上，呈现一幅品字形三基色圆图。如图 2.5 所示。

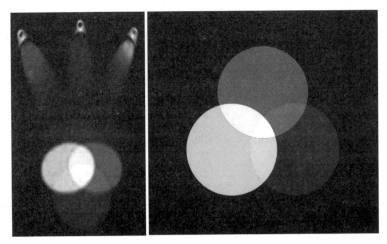

图 2.5　相加混色法

由图 2.5 可见：

红光+绿光＝黄光

红光+蓝光＝紫光（品红光）

绿光+蓝光＝青光

红光+绿光+蓝光＝白光

这是最简单的混色规律，以上各光均是按照基色光等量相加的结果。若改变三基色之间的混合比例，经相加可获得各种颜色的彩色光。

在三基色的相加混色实验中，1853 年格拉斯曼（H. Grasman）教授总结出以下相加混色定律，可以作为混色的重要指导思想。

① 补色律：自然界任一颜色都有其补色，它与它的补色按一定比例混合，可以得到白色或灰色。

② 中间律：两个非补色相混合，便产生中间色。其色调取决于两个颜色的相对数量，其饱和度取决于两者在颜色顺序上的远近。

③ 代替律：相似色混合仍相似，不管它们的光谱成分是否相同。

④ 亮度相加律：混合色光的亮度等于各分色光的亮度之和。

以上所述的色调和饱和度的概念在下一节 HIS 颜色空间中会讲述。

实现相加混色的方法还有空间混色法、时间混色法等，需要了解请参考有关资料。

2）相减混色法。

相减混色法主要用于描述颜料的混色：指不能发光，却能将照来的光吸掉一部分，将剩下的光反射出去的色料的混合。色料不同，吸收色光的波长与亮度的能力也不同。色料混合之后形成的新色料，一般都能增强吸光的能力，削弱反光的亮度。在投照光不变的条件下，新色料的反光能力低于混合前的色料的反光能力的平均数，因此，新色料的明度降低了，纯度也降低了，所以又称为减光混合。

相减混色法中的三原色为黄、青和品红（即某种紫色）。这三种原色分别对相加混色中的三基色蓝、红和绿具有极高的吸收率。因此三原色按不同的比例混合也能得到各种不同的颜色。

2. RGB 颜色空间

根据以上相加混色法的思想，把 R（红）、G（绿）、B（蓝）三种基色的光亮度做一定的尺度化之后，作为直角坐标系三维空间的三个坐标轴，可以构成一个颜色空间，颜色空间中不同的坐标点就表示了不同的颜色。这样表示颜色的方法即为 RGB 颜色空间，由于 RGB 颜色空间是计算机等数字图像处理仪器设备所采用的表示图像颜色的基本方法，故 RGB 颜色空间通常也称为基础颜色空间。

建立 RGB 颜色空间时，必须对三个颜色分量的相对大小有一个量度的标准，才能建立坐标系，基于归一化的思路，一般假设某分量达到最强时的坐标值为 1，而最弱时为 0。这样，任意一种颜色在颜色空间中的位置被限制在边长为 1 的正方体中，其颜色由其坐标决定。如图 2.6 所示。

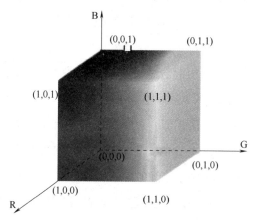

图 2.6　RGB 颜色空间示意图

图 2.6 中，三个坐标分量的数值依次表示该点的 R、G、B 坐标，图 2.6 中列出了红（1，0，0）、绿（0，1，0）、蓝（0，0，1）、黄（1，1，0）、青（0，1，1）、紫（1，0，1）、白（1，1，1）和黑（0，0，0）八种特殊的颜色在 RGB 颜色空间中的位置及对应的色度坐标值。

在 RGB 颜色空间中，R、G、B 三条坐标轴上的点的颜色分别为纯的红、绿、蓝色，从 0 到 1 的坐标值大小可表示亮度不同，而连接正方体黑色和白色的对角线上的点是亮度不同的灰色，灰色和黑白色称为非彩色。正方体的其余三条对角线两端的颜色各自构成一对互补色（红——青、绿——紫、蓝——黄），即上文所述的按一定比例混合，可以得到白色或灰色这两种颜色。进一步分析可见：凡是通过颜色空间正方体中心的直线上位于中心两端坐标点对应的颜色都可以构成互补色。从理论上讲，RGB 颜色空间可以表示出任意的颜色。

3. 计算机中图像颜色的表示

RGB 颜色空间不仅具有理论上的意义，而且在色度学的实际应用中，也扮演了重要的角色。其最重要的应用在于：计算机中屏幕上图像的显示、图像文件的存储以及各种数字图像处理算法都是以 RGB 颜色空间为基础的。

首先分析一下计算机屏幕上的图像的显示问题：人们看到的计算机屏幕上的图像，事实上是被显示在屏幕上不同位置的不同位图（数字图像的一种最基本的格式）。而一幅位图是由一个个像素组成的，颜色是像素的唯一特征。与以上分析的 RGB 颜色空间类似，在计算机中每个像素的颜色由 R（红）、G（绿）和 B（蓝）三个分量的叠加来表示。但各个分量的取值范围并不是以上分析的从 0 到 1 不同，而是从 0 到 255，这是因为计算机中存储单元的大小通常用字节（Byte）为单位，一个字节的大小用八位二进制数来表示，换算成十进制则是 256。所以用一个字节即 256 个梯级来表示一个分量的颜色差异，RGB 三个分量则可表示 $256 \times 256 \times 256 = 16777216$ 种颜色，这一数目已远远超出人眼所能分辨的颜色数目，故这种位图称为真彩色位图。在一些情形下，图像中所包含的颜色数目远小于 16777216，此时，若仍采用真彩色位图来描述则是对计算机资源的浪费。因此，计算机中的位图格式除了真彩色位图外，还有 256 色位图和 16 色位图等，这些位图称为索引位图，索引位图使用颜色表的方式来描述其颜色信息，索引位图的详细情况在此不多叙述。而在图像处理问题上，出于处理精度的考虑，通常采用真彩色位图。以上分析的是屏幕上显示的图像的颜色原理。

实际上，在图像处理等计算机应用问题中，时常需要读取、处理并在处理后重新存储计算机磁盘中的位图。另外，计算机中任何格式的文件在磁盘中都是以字节为单位，并按特定的顺序（取决于文件格式的不同）进行存储的。计算机磁盘中的真彩色位图文件包括的内容首先是一个称为位图文件头的结构体，其次是一个称为位图信息头的结构体，在这两个结构之后是位图中各像素点的颜色数据，每个像素点的颜色数据用相邻的三个字节来存储，依次表示该像素点颜色的 B（蓝）、G（绿）、R（红）分量值。各像素点的颜色数据是按从下向上、从左向右的顺序存储的，即先存储左下角像素的数据，从左向右存储完一行像素后，再存储第二行各像素的数据，按此顺序，最后存储右上角像素的数据。这也是 RGB 颜色空间的一个重要应用。

除此之外，现有的图像采集设备最初采集到的颜色信息均是用 R（红）、G（绿）和 B（蓝）三个通道的灰度值来表示的，称为彩色的 RGB 格式，颜色显示设备（如监视器）最终也是使用 RGB 格式来表示彩色的。图像处理中使用的其他所有的颜色空间都是从 RGB 颜色空间转换而来的，如果需要显示出来其处理结果，也需转换回 RGB 颜色空间。为了适应具体图像处理与识别问题的需要，RGB 颜色空间还可通过 RGB 分量不同的线性变换，构成 XYZ、Ohta 等类RGB 颜色空间。因此，在彩色数字图像处理中最基本、最常用表示颜色的方法就是 RGB 颜色空间。其基本原理即是采用红（R）、绿（G）、蓝（B）三个颜色分量来表示所有的颜色。

二、HIS 颜色空间

RGB 颜色空间的颜色数据足以表达各种不同的颜色，但是从这些数据上却难以让人产生足够的感官体验。因为人观察颜色的时候是从以下三个方面进行直接的感官感受：

1）亮度：表征颜色的明亮程度。一般来说，彩色光能量大则显得亮。

2）色调：表征不同颜色特征的量，反映颜色的类别，如红色、绿色、蓝色等。例如太阳光的不同波长光谱色会令人视觉上呈现不同的色感。

3）饱和度：颜色接近光谱色的程度。一种颜色越接近光谱色，其饱和度越好。对于同一色调的彩色光，其饱和度越高，颜色就越纯。

因此，RGB 颜色空间的主要缺点是不直观，从 RGB 值中难以直接获得该值所表示的颜色的认知属性。另外，RGB 颜色空间是最不均匀的颜色空间之一，两个颜色之间的知觉差异不能表示为该颜色空间中两个色点之间的距离。从图像处理的实际应用的角度看，RGB 颜色空间的缺点还表现为 RGB 值之间的高相关性（B-R：078，R-G：0.98，G-B：0.94）。这些高相关性的存在，形成彩色图像模式识别中的特征重复现象，是个十分不利的因素。XYZ、Ohta 等颜色空间虽然从某个角度弥补了 RGB 颜色空间的一些不足之处，但由于这些颜色空间均是由 RGB 颜色空间做简单的线性变换而得到的，仍无法克服 RGB 颜色空间的一些固有缺点，如不直观等，故这些颜色空间均为类 RGB 颜色空间。类 RGB 颜色空间的最明显特征就是：不能用一个特征量来表示颜色。为了把颜色的描述和人们对颜色的认知或感觉对应起来，人们设计了许多种类型的认知颜色空间，HIS 颜色空间即是其中的一种，由于其适于用解析的方式来描述颜色，故在彩色数字图像处理中得到广泛的应用。

在观察颜色时，如果两种颜色在以下三个方面中的某一方面存在差异，人们就能够将这两种颜色辨别出来，这三个方面是：①是什么颜色？②该颜色的亮度如何？③该颜色的纯度如何？HIS 颜色系统正是采用这三者作为其三个色度分量的，分别称为色调（H）、亮度（I）以及饱和度（S）。于是，HIS 颜色系统反映了人们观察彩色的方式。

在 HIS 颜色系统中，I 表示亮度（或强度）。为简单起见，可采用 R、G、B 三个灰度的算术平均值来表示亮度 I，当然也可使用对不同分量有不同权值的彩色机制。亮度 I 的值确定了像素的整体亮度，而不管其颜色是什么。可以通过平均 RGB 分量将彩色图像转化为灰度图像，这样就丢掉了彩色信息。

包含彩色信息的两个参数是色调（H）和饱和度（S）。图 2.7 中所示的色环描述了这两个参数。色调由角度表示，彩色的色调反映了该彩色最接近什么样的光谱波长（即彩虹中的哪种颜色）。不失一般性，可假定 0° 的彩色为红色，120° 的彩色为绿色，240° 的彩色为蓝色。色度从 0°～240° 覆盖了所有可见光谱的彩色。在 240°～300° 之间是人眼可见的非光谱色（紫色）。

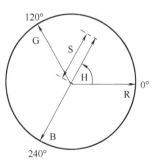

图 2.7　色环

饱和度参数是色环的原点（圆心）到彩色点的半径的长度。在环的外围圆周是纯的或称饱和的颜色，其饱和度值为 1。在中心是中性（灰色）影调，即饱和度为 0。饱和度的概念可描述如下：假设有一桶纯红色的颜料，它对应的色度为 0，饱和度为 1。混入白色染料后使红色变得不再强烈，减少了它的饱和度，但没有使它变暗。粉红色对应于饱和度值约为 0.5。随着更多的白色染料加入混合物中，红色变得越来越淡，饱和度降低，最后接近于 0（白色）。相反地，如果将黑色染料与纯红色混合，它的亮度将降低（变黑），而它的色调（红色）和饱和度（1）将保持不变。

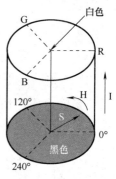

图 2.8 HIS 系统的
彩色空间

总之，三个彩色坐标定义了一个柱形彩色空间（见图 2.8）。灰度阴影沿着轴线以底部的黑变到顶部的白。具有最高亮度且饱和度最大的颜色位于圆柱上顶面的圆周上。

在图像处理的一些场合，需要在 RGB 系统和 HIS 颜色系统之间进行互相的变换。

HIS 系统与 RGB 系统之间的变换如下式

$$\begin{cases} H=W & B \leqslant G \\ H=2\pi-W & B>G, \end{cases} \quad W=\cos^{-1}\left\{ \frac{2R-G-B}{2\left[(R-G)^2+(R-B)(G-B)\right]^{\frac{1}{2}}} \right\} \quad (2.11)$$

$$I=\frac{R+G+B}{3} \quad (2.12)$$

$$S=1-\frac{3\min(R,G,B)}{R+G+B} \quad (2.13)$$

图像处理的结果通常需要将 HIS 系统中的处理结果转换回 RGB 系统，根据要转换的颜色点所位于色环中的扇区不同，其转换公式相应地也有所不同，具体如下

当 $0° \leqslant H \leqslant 120°$ 时

$$R=\frac{I}{\sqrt{3}}\left[1+\frac{S\cos(H)}{\cos(60°-H)}\right], \ B=\frac{I}{\sqrt{3}}(1-S), \ G=\sqrt{3}I-R-B \quad (2.14)$$

当 $120° \leqslant H \leqslant 240°$ 时

$$G=\frac{I}{\sqrt{3}}\left[1+\frac{S\cos(H-120°)}{\cos(180°-H)}\right], \ R=\frac{I}{\sqrt{3}}(1-S), \ B=\sqrt{3}I-R-G \quad (2.15)$$

当 $240° \leqslant H \leqslant 360°$ 时

$$B = \frac{I}{\sqrt{3}}\left[1 + \frac{S\cos(H - 240°)}{\cos(300° - H)}\right], \quad G = \frac{I}{\sqrt{3}}(1 - S), \quad R = \sqrt{3}I - G - B \qquad (2.16)$$

三、CIE 标准色度学系统

以上单纯从色度学的角度对颜色空间进行的分析，从理论和应用的角度，均具有重要的意义。但是站在光度学和色度学相结合的角度去考虑问题，例如：对"RGB 颜色空间中的三个颜色分量到底是由波长为多少的色光构成"这一问题，单凭以上偏重逻辑分析的单纯色度学理论是无法得到令人满意的答案的。

因此，为了从逻辑和物理相结合的角度考虑光度学和色度学的问题从而得到更加准确的结论，有必要了解国际照明委员会（CIE）所规定的一套颜色测量原理、数据和计算方法。

物体颜色是光刺激人的视觉器官产生的反应，要将观察者的颜色感觉数字化，CIE 规定了一套标准色度学系统，称为 CIE 标准色度学系统，这一系统是近代色度学的基本组成部分，是色度计算的基础，也是彩色复制的理论基础之一。

CIE 标准色度学系统是一种混色系统，是以颜色匹配实验为出发点建立起来的。用组成每种颜色的三原色数量来定量表达颜色。

1. 颜色匹配

建立 CIE 标准色度学系统的一个重要原因是为了解决当时在颜色混合和颜色匹配中出现的一些问题。

把两种颜色调节到视觉上相同或相等的过程称为颜色匹配。图 2.9 所示为颜色匹配实验示意图。

在以上的颜色匹配实验中，黑挡屏下方是被匹配的颜色，即目标颜色，而黑挡屏上方则是上节所述的 RGB 颜色空间中的三基色红、绿和蓝。在实验中，CIE 首先规定了这三种基色光的波长，分别为：700nm（R）、546.1nm（G）、435.8nm（B），然后就用这三种基色光进行不同配比的颜色匹配实验，试图配出在观察者看来和黑挡屏下方的目标颜色一致的颜色。

2. CIE 1931-RGB 系统

CIE 标准色度学系统的第一个版本叫作 CIE 1931-RGB 系统，是 CIE 在 1931 年发布的。这一色度学系统是在类似于以图 2.9 的实验装置上，以标准色度观察

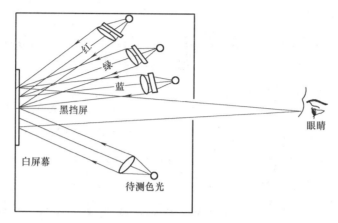

图 2.9　颜色匹配实验示意图

者在 1°~4° 的视场下的基本颜色视觉实验数据为基础而产生的。

　　在 CIE 1931-RGB 系统的实验中，为了确切地描述颜色匹配中三种基色的相对比例，首先必须定出基色单位这样一个概念，即定出多大亮度的基色光为该基色光的"一个单位"。为此，需要提出"等能白光"这样一个概念，即假想的在整个可见光谱范围内光谱辐射能相等的光源的光色，称为等能白色，等能白光的辐射通量谱函数为整个可见光范围内的一条平行于横轴（波长轴）的直线。显然，如果波长分别为 700nm（R）、546.1nm（G）、435.8nm（B）的红、绿、蓝光可以作为三基色而混合匹配出任意颜色的话，则此三基色配出等能白色时它们的辐射通量是相等的。由于人眼视觉效率函数依波长变化，其光通量之间的关系见表 2.3（这里，取 1lm 红光的光通量作为一个单位）。

表 2.3　三基色单位亮度的光通量关系表

颜色	红	绿	蓝	混合（等能白）
波长/nm	700	546.1	435.8	—
单位量流明数	1.0000	4.5907	0.0691	5.6508

　　采用以上的三基色单位量作为标准，就可以通过实验测定出并混合配比出任意颜色所需要的三基色的量了。

　　在颜色匹配实验中，当与待测色达到色匹配时所需要的三基色的量，称为三刺激值，记作 R、G、B。一种颜色与一组 R、G、B 值相对应，对于 R、G、B 值相同的颜色，其颜色感觉必定也相同。三基色各自在 $R+G+B$ 总量中的相对比例

叫作色度坐标，用小写的符号 r、g、b 来表示。即

$$\begin{cases} r = \dfrac{R}{R+G+B} \\[2mm] g = \dfrac{G}{R+G+B} \\[2mm] b = \dfrac{B}{R+G+B} = 1-r-g \end{cases} \tag{2.17}$$

图 2.10 所示为 CIE 1931-RGB 系统色度图，从图 2.10 中可以得到：任一波长的光，都可以由三基色的光按图中的比例匹配而成，但图 2.10 中的曲线表明，如要配出 500nm 附近某一段波长的光，需要的红色基色的光量为负值，即在实验中，要把这一数量的红光照射于被匹配光的一侧（即图 2.9 的黑挡屏下方）才行。这对配光的物理意义以及数学计算而言，都是个不太完善的结果。

根据配光的三刺激值色度坐标的公式，r、g、b 三个色度坐标中只有两个是独立的，通常可选取 r、g 分别作为横坐标和纵坐标，可绘制出如图 2.10 所示的 CIE 1931-RGB 系统色度图。从图 2.10 中也明显可见，配出许多颜色所需要的红色基色分量的刺激值是负的。

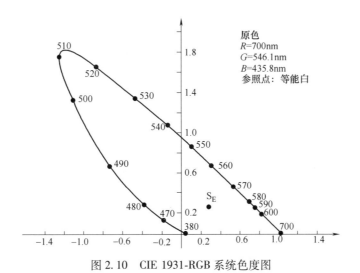

图 2.10　CIE 1931-RGB 系统色度图

基于 CIE 1931-RGB 系统的实验证明：几乎所有的颜色都可以用三原色按某个特定的比例混合而成。如果用上述规定单位量的三原色，在可见光 380~780nm 范围内每隔波长间隔（如 10nm）对等能白色的各个波长进行一系列的颜色匹配

实验，可得每一光谱色的三刺激值。实验得出的颜色匹配曲线如图 2.11 所示，也称为 CIE 1931-RGB 标准色度观察者。

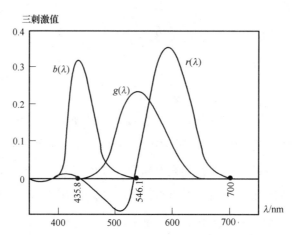

图 2.11　CIE 1931-RGB 色度学系统颜色匹配光谱三刺激值曲线

3. CIE 1931-XYZ 标准色度学系统以及其他 CIE 色度学系统

如上文所述、CIE 1931-RGB 存在着一些缺点：系统在某些场合下，例如被匹配颜色的饱和度很高时，三色系数就不能同时取正；而且由于三原色都对混合色的亮度有贡献，当用颜色方程计算时就很不方便。

因此，希望有一种系统能满足以下的要求：

1）三刺激值均为正。

2）某一原色的刺激值正好代表混合色的亮度，而另外两种原色对混合色的亮度没有贡献。

3）当三刺激值相等时，混合光仍代表标准（等能）白光。

这样的系统在以实际的光谱色为三原色时是无法从物理上实现的，CIE 通过研究提出了以假想色为逻辑上的三基色的 XYZ 表色系统，即 CIE 1931-XYZ 标准色度学系统。

（1）CIE 1931-XYZ 标准色度学系统

CIE 1931-XYZ 标准色度学系统中的三基色 X、Y、Z 实质上是 CIE 1931-RGB 色度学系统中三基色 R、G、B 的线性组合。两者之间的转换关系如下式所述

$$X = 2.7689R + 1.7517G + 1.1302B \tag{2.18}$$

$$Y = 1.0000R + 4.9507G + 0.0601B \tag{2.19}$$

$$Z = 0.0000R + 0.0565G + 5.5943B \qquad (2.20)$$

根据式（2.18）~式（2.20），可得到以下用于描述色品图的三刺激值：

$$\begin{cases} x = \dfrac{X}{X+Y+Z} \\[2mm] y = \dfrac{Y}{X+Y+Z} \\[2mm] z = \dfrac{Z}{X+Y+Z} = 1-x-y \end{cases} \qquad (2.21)$$

由此可得到如图 2.12 所示的 CIE 1931-XYZ 标准色度学系统颜色匹配光谱三刺激值曲线，又称为 CIE 1931-XYZ 标准色度观察者。

从图 2.12 中可见，配光所用的三基色色品坐标 x、y、z 值没有出现负值。由图 2.12 中色品坐标的实验数据可以画出图 2.13 所示的 CIE 1931-XYZ 标准色度学系统色品图。

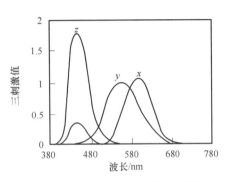

图 2.12　CIE 1931-XYZ 标准色度学系统颜色匹配光谱三刺激值曲线

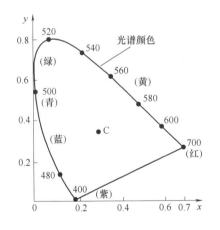

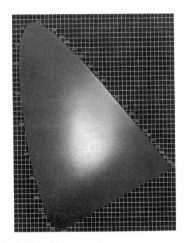

图 2.13　CIE 1931-XYZ 标准色度学系统色品图

从图 2.13 中可见，颜色刺激值全为正值，而且进一步分析还可得到如下规律：光谱轨迹曲线以及链接光谱轨迹两端的直线所构成的马蹄形内，包含了所有物理上能实现的颜色，人的视觉不能区分 700~770nm 的光谱色的差别，所以它们有相同的色品坐标点。540~700nm 的光谱轨迹基本上与 XY 直线重合，所以用 540nm 和 700nm 的光谱色可以匹配出它们之间的饱和度较高的光谱色链接。400nm 与 700nm 两点的连线称为紫线，是由 400nm 与 700nm 的光谱色按不同比例混合的颜色，Y=0 的直线（XZ）是无亮度线，靠近这条线的坐标点表示较低的视觉亮度。另外，在相同的辐射能量下，蓝紫色的可视亮度较低，色品图的中心（C 点附近）为白色（灰色）区域，所以越靠近中心的颜色饱和度越低，经过中心白色点直线连接的颜色互为补色。

CIE 1931-XYZ 标准色度学系统是国际上色度计算、颜色测量和颜色表征的统一标准，是所有测色仪器的设计与制造依据。

（2）CIE 其他色度学系统

CIE 1931-XYZ 标准色度学系统的实验数据是在视场为 2°时测得的，但进一步的实验结果分析表明，单纯原色的混合物在整个视场低于 10°时出现不均匀现象，工业上配色总是在比 2°视场更大的范围。为了适合 10°大视场的色度测量，1964 年 CIE 规定了一组 CIE 1964 补充标准观察者光谱三刺激值和相应的色度图，这一系统称为 CIE 1964 补充标准色度学系统。研究表明，观察视场增加到 10°时辨色精度能提高，但视场进一步增大就不再提高了。

另一方面，研究结果表明：对于不同的颜色，人眼对其辨别能力有很大的差别（相差达十几倍），而在 CIE 1931-XYZ 色度学系统中，用不同坐标点之间的距离不能准确表示人眼对色差的感觉，两者没有较好的一致性。因此，CIE 进行了均匀颜色空间的研究和实验。均匀颜色空间是一种可以表示颜色的色调、明度、饱和度的坐标空间，在此空间中不同坐标点之间的距离可以表示颜色之间的差别，而且在整个空间和不同的方向上有较好的一致性和均匀性，上一小节所述的 HIS 颜色空间就体现了均匀颜色空间的基本思想。

在经过充分的实验研究和理论分析之后，CIE 先后建立了 CIE 1960 均匀颜色空间（CIE 1960 UCS）、CIE 1964 均匀颜色空间（CIE 1964 LUV）、CIE 1976 L*u*v* 均匀颜色空间（CIE LUV）和 CIE 1976 L*a*b* 均匀颜色空间（CIE LAB）。而且 CIE 对颜色匹配实验中的测试条件也做了一些标准性的规定，以上问题请参阅相关参考资料。

四、描述 LED 色度学特性的几个重要概念及其关系

在了解了颜色描述的基本概念之后，以下对描述 LED 色度学特性的几个重要概念及其关系进行介绍和分析。

1. 光源的波长与颜色

发光的颜色是色光 LED 的一个重要参数，对单色光而言，颜色的差异是由波长的不同而引起的。可见光的波长不同，引起人眼的颜色感觉就不同，通常认为可见光包括七种不同颜色的单色光，具体为：红色 620~760nm，橙色 590~620nm，黄色 545~590nm，绿色 500~545nm，青色 470~500nm，蓝色 430~470nm，紫色 380~430nm。

LED 的光谱特性完全由其芯片制造决定：与制备所用的化合物半导体种类、性质及 pn 结结构（外延层厚度、掺杂杂质）等有关，而与器件的几何形状、封装方式无关。以下介绍了几种不同颜色的 LED 的芯片的材料：

1）蓝色 InGaN/GaN，发光谱峰 $\lambda_p = 460\sim465$nm。

2）绿色 GaP：N 的 LED，发光谱峰 $\lambda_p = 530$nm。

3）红色 GaP：Zn-O 的 LED，发光谱峰 $\lambda_p = 620\sim680$nm。

4）红外 LED 使用 GaAs 材料，发光谱峰 $\lambda_p = 910$nm。

但实际上，任何光源包括 LED，发出的光都不可能是绝对严格的单一波长的单色光，而是发出以某一波长为中心的一定波长范围的光，某一光源发光的相对强弱和波长的函数关系称为该光源的光谱特性，色光光源的光谱特性曲线通常是类似高斯分布（即正态分布）的曲线。光源光谱特性曲线（黄绿色光）如图 2.14 所示。

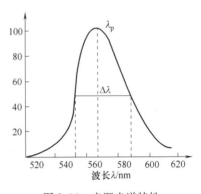

图 2.14　光源光谱特性
曲线（黄绿色光）

在图 2.14 中，可以引出以下几个常用的光学特性参数：

（1）峰值波长

图 2.14 中曲线的最高点对应的波长称为峰值波长。无论什么材料制成的 LED，都有一个相对光强度最强处（光输出最大），与之相对应有一个波长，通

常叫作峰值波长，用 λ_p 表示。通常峰值波长主要用来描述单色光的颜色特性。

（2）谱线半宽度

图 2.14 中的 $\Delta\lambda$ 通常称为谱线半宽度，指相对光强为峰值波长一半时对应的曲线上两个点的波长间隔。半宽度反映了谱线宽窄，即光源单色性好坏的参数，各种单色光 LED 发光的谱线半宽度小于 40nm，单色性较好。

（3）主波长

有的光源发出的光不仅有一个峰值波长，甚至有多个高低不同的峰值，并非单色光。为此描述此光源的色度特性，需要引入主波长的概念。主波长描述的是人眼所能观察到的由此光源发出的光的颜色倾向所对应的单色光的波长。

主波长的概念通常不是用来描述单色光，而是描述多个峰值的色光混合起来所呈现的颜色。例如 GaP 材料可发出多个峰值波长，而主波长只有一个，它会随着 LED 长期工作，结温升高而主波长偏向长波。

主波长的数值可用如下方法来确定：

用某一光谱色，按一定比例与一个确定的标准照明体（如 CIE 标准照明体 A、B、C 或 D65）相混合而匹配出样品色，该光谱色的波长就是样品色的主波长。任何一个颜色都可以看作用某一个光谱色按一定比例与一个参照光源（如 CIE 标准光源 A、B、C 等，等能光源 E，标准照明体 D65 等）相混合而匹配出来的颜色，这个光谱色就是颜色的主波长。颜色的主波长相当于人眼观测到的颜色的色调（心理量）。若已获得被测 LED 器件的色度坐标，就可以采用等能白光 E 光源（$x_0=0.3333$，$y_0=0.3333$）作为参照光源来计算决定颜色的主波长。计算时根据色度图上连接参照光源色度点与样品颜色色度点的直线的斜率，查表读出直线与光谱轨迹的交点，确定主波长。

如果光源的单色性很好，则峰值波长 λ_p 也就基本上等于主波长。对于蓝光 LED 芯片，峰值波长要比主波长小一点（5nm 左右）。

（4）色品坐标

如前分析 CIE 1931-XYZ 系统时所述，某种颜色在 CIE 1931-XYZ 色度图中的色品坐标（或称色度坐标）是描述该颜色的色度特性的重要参量，颜色色品坐标的不同对应着颜色的差异。在实际 LED 封装中的分光等应用场合需要用到色品坐标的概念，此时通常用色度图中 X 和 Y 坐标的值来表示。对于白光 LED 的分光，色品坐标的 X、Y 值均为接近 0.3 的一个数值，表明白光中 X、Y、Z 三个颜色分量的比例接近，根据 X、Y 具体数值的不同，体现出一定的颜色偏向性。

2. 光源的色温

色光光源的色度特性用波长来表示，但在 LED 或其他光源的制造和应用中，白光光源也是非常重要的一种类型。理想的白光是各种波长色光的"均匀"或"等能"的组合，因而无法用波长表示白光的颜色。

实际的白光总带有一点微弱的颜色偏向性，如偏红或偏蓝。由于白光的这种颜色偏向性和单色光的颜色明确性相比是比较微弱的，所以实际的白光其颜色偏向性也不用感觉上偏向的那种颜色的波长来表示，而是借助于黑体辐射峰值波长随温度变化的特性，用"色温"这个参数来表示。黑体辐射随温度变化的特性如图 2.15 所示。

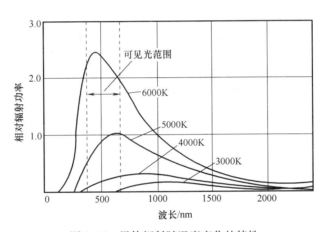

图 2.15 黑体辐射随温度变化的特性

光源的色温定义如下：如果光源发出的光的颜色与黑体在某一温度下辐射的光的颜色相同时，则此时黑体的温度称为该光源的色温。

要明确的是，色温是用来描述白光的颜色偏向性的，单色光的颜色不用色温来描述。

色温计算采用绝对温标，以 K（开尔文）为单位，黑体辐射的 0K = -273℃ 作为计算的起点。将黑体加热，随着能量的提高，便会进入可见光的领域。例如，在 2800 K 时，发出的色光和灯泡相同，我们便说灯泡的色温是 2800K。

光源的色温不同，光色也不同，具体如下：

1）色温<3300K：光色为温暖（带红的白色），稳重的气氛效果。

2）色温在 3300~5000K：光色为中间（白色），爽快的气氛效果。

3）色温>5000K：光色为清凉型（带蓝的白色），冷的气氛效果。

不同色温对应的颜色示意图如图 2.16 所示。

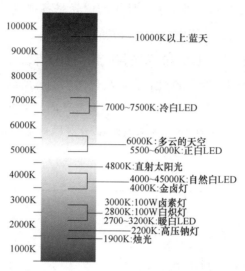

图 2.16　不同色温对应的颜色示意图

从图 2.16 中可见，不同的色温对应于不同的颜色，必须强调的是色温是用来描述白光颜色偏向是暖色还是冷色的一个概念，对应于正白的色温表示，该颜色恰好位于暖色和冷色的平衡点，即该颜色不偏暖也不偏冷，这个平衡点大概为 5000K。此时，与该色温对应的温度下，黑体辐射的峰值波长会取 555nm 左右的一个数值，该波长对应的单色光颜色为黄绿色。但此时绝对不能说和 5000K 左右色温对应的颜色为黄绿色，因为色温不是描述单色光色度的参量，而是描述白光色度特性的参量，它体现了白光中暖色和冷色的平衡程度。

3. 光源的显色性

显色性是用于描述白光光源综合色度特性的一个参数。原则上，人造光源应与自然光源相同，使人的肉眼能正确辨别事物的颜色。

光源对于物体颜色呈现的程度称为显色性，通常用"显色指数（Ra）"来描述，它表示物体在某一光源照明下的颜色与基准光（太阳光）照明时颜色的偏离。显色性能较全面地反映了光源的颜色特性，它描述了事物的真实颜色（其自身的色泽）与某一标准光源下所显示的颜色关系。Ra 值的确定，是将 DIN 6169

标准中定义的八种测试颜色加上其他七种试样，在标准光源和被测试光源下做比较，色差越小则表明被测光源颜色的显色性越好。Ra 值为 100 的光源表示，事物在其灯光下显示出来的颜色与在标准光源下一致。

代表性试样的选择如下：1~8 号：中彩度色：如深红、深黄、深绿、深蓝等（明度为 6）；9~12 号：高彩度的红色、黄色、绿色、蓝色；13 号：白种人女性肤色；14 号：叶绿色；15 号：中国女性肤色（日本女性肤色）。

显色性是通过与同色温的参考或基准光源（白炽灯或画光）下物体外观颜色的比较。光所发射的光谱内容决定光源的光色，但同样光色可由许多、少数甚至仅仅两个单色的光波组合而成，对各个颜色的显色性亦大不相同。相同光色的光源会由相异的光谱组成，光谱组成较广的光源有可能提供较佳的显色品质。当光源光谱中很少或缺乏物体在基准光源下所反射的主波时，会使颜色产生明显的色差。色差程度愈大，光源对该色的显色性愈差。

不同场合下对光源显色指数的要求见表 2.4。

表 2.4　不同场合下对光源显色指数的要求

指数（CRI）	等级	显色性	应 用 场 合
90~100	1A	优良	需要色彩精确对比的场所
80~89	1B		需要色彩正确判断的场所
60~79	2	普通	需要中等显色性的场所
40~59	3		对显色性的要求较低，色差较小的场所
20~39	4	较差	对显色性无具体要求的场所

各种不同光源的显色指数见表 2.5。

表 2.5　各种不同光源的显色指数

光源	白炽灯	荧光灯	卤钨灯	高压汞灯	高压钠灯	金属卤化物灯
指数	97	75~94	95~99	22~51	20~30	60~65

任务三　认识 LED 的电学特性参数

LED 作为一种 pn 结发光的电光源，显然，其电学特性参数也是非常重要的。LED 的电学特性参数主要是伏安特性（曲线），以及根据对该曲线的分析而提取出来的正向工作电流、正向压降、反向电流、反向压降、功率等。此外，作为一个电光源，显然发光效率也是其重要的联系电、光特性的参数。

1. 伏安特性曲线

器件的伏安特性是指流过器件的电流和器件两端施加的电压之间的函数关系。伏安特性是一切电阻型电子器件的主要特性，LED 属于这一范畴，因此，伏安特性是 LED 主要的电学特性。LED 的伏安特性曲线如图 2.17 所示。

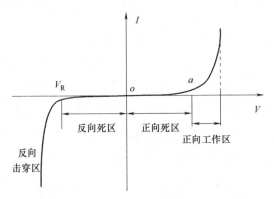

图 2.17　LED 的伏安特性曲线

伏安特性表征 LED 芯片 pn 结制备性能的主要参数。LED 的伏安特性具有非线性、整流性质：单向导电性，即外加正偏压表现低接触电阻，反之为高接触电阻。

从图 2.17 中可见伏安特性曲线分为以下四段：

1）正向死区：这是正向电压太低，LED 还没有开启工作的状态（图 2.17 中的 oa 段），a 点对于 V_a 为开启电压，当 $V<V_a$，外加电场尚克服不少因载流子扩散而形成势垒电场，此时 R 很大；开启电压对于不同 LED 其值不同，GaAs 为 1V，红色 GaAsP 为 1.2V，GaP 为 1.8V，GaN 为 2.5V。

2）正向工作区：这是 LED 正常工作的发光状态，电流 I_F 与外加电压呈指数关系：

① $I_F = I_S(e^{qV_F/KT}-1)$，I_S 为反向饱和电流。其中 q 是电子电量，K 是玻尔兹曼常数，T 是热力学温度。

② $V>0$ 时，$V>V_a$ 的正向工作区 I_F 随 V_F 指数上升，由于在常温时，指数项 $e^{qV_F/KT}$ 远大于 1，因此公式 $I_F = I_S(e^{qV_F/KT}-1)$ 可以近似为 $I_F = I_S e^{qV_F/KT}$。

在实际工作中，如果正向电压加很高，或者电流很大，LED 也能发光，但是处于超负荷高发热工作状态，寿命将大大缩短。

3）反向死区：$V<0$ 时 pn 结加反偏压，这是加上一个较小的反向电压的情形，LED 反向电流很小，处于反向截止状态。

$V=-V_R$ 时，对应的电流为反向漏电流 I_R。对于不同材料的 LED 芯片，其反向漏电流不同，GaP 为 $0\mu V$，GaN 为 $10\mu A$。

4）反向击穿区：$V<-V_R$，V_R 称为反向击穿电压，这是反向加上一个很高的电压的情形，反向电压 V_R 对应 I_R 为反向漏电流。当反向偏压一直增加使 $V<-V_R$ 时，则 I_R 突然增加而出现击穿现象。由于所用化合物材料种类不同，各种 LED 的反向击穿电压 V_R 也不同。反向击穿会对 LED 造成损坏。

2. 几个常用的重要参数

根据 LED 的伏安特性曲线，可以较为全面地分析 LED 的电学特性。在 LED 芯片制造、封装以及不同应用场合的器件选型和设计时，通常需要强调以下几个参数。

（1）正向工作电流 I_F（mA）

正向工作电流包括以下几种情形：

1）额定工作电流 I_F（mA）：LED 在理想的线性工作区域，在此电流下可安全地维持正常的工作状态，一般情况下，小功率 LED 的额定工作电流为 20mA 上下。

2）最小工作电流 I_{FL}（mA）：LED 在小于此电流工作时，由于超出理想的线性工作区域，将无法保证 LED 的正常工作状态（尤其是在一致性方面）。

3）最大容许正向电流 I_{FH}（mA）：LED 最大可承受的正向工作电流，在此电流下，LED 仍可正常工作，但发热量剧增，LED 的使用寿命将大大缩短。

4）最大容许正向脉冲电流 I_{FP}（mA）：LED 最大可承受的一定占空比的正向脉冲电流的高度。

（2）正向电压 V_F（V）

伏安特性曲线中正向工作电流所对应的电压称为正向压降或正向电压。

正向电压 V_F 是指额定正向电流下器件两端的电压降，这个参数既与材料的禁带宽度有关，同时也标识了 pn 结的体电阻与欧姆接触电阻的高低。V_F 的大小一定程度上反映了电极制作的优劣。相对于 20mA 的正向电流，红黄光类 LED 的

V_F 值约为 2V，而 GaN 基兰绿光类 LED 器件的 V_F 值通常大于 3V。

（3）反向漏电流 I_R（μA）

LED 在一定的反向偏压（通常取 $V_R=5V$）下的反向漏电流。

反向漏电流 I_R 是指给定的反向电压下流过器件的反向电流值，这个值的大小十分敏感于器件的质量。通常在 5V 的反向电压下，反向漏电流应不大于 10μA，I_R 过大表明结特性较差。

反向击穿电压是指当反向电压大于某一值时，反向漏电流会急剧增大，反映了器件反向耐压的特性。对一个具体器件而言，漏电流大小的标准有所不同，在较为严格的情况下，要求在规定电压下，反向漏电流不大于 10μA。

（4）反向电压 V_R（V）

LED 在指定反向电流下所对应的反向电压。

（5）最大容许反向电压 V_z（V）

LED 所能承受的最大反向电压，即反向击穿电压超出此电压使用，将导致 LED 反向击穿。

（6）耗散功率 P_D（W）

LED 的耗散功率 $P_D=I_F V_F$，耗散功率指的是 LED 消耗的电功率的大小。根据耗散功率的大小通常把 LED 划分为小功率和大功率，一般以 1W 作为分界线。

（7）发光效率 η_e

发光效率简称光效，光源的发光效率定义为其光通量与所消耗功率的比值。即

$$\eta_e=\frac{\Phi_v}{P_D} \tag{2.22}$$

光效的单位是 lm/W。

发光效率是一个反映 LED 综合光电性能的参数，是将外部量子效率用视觉灵敏度（人眼对光的灵敏度）来表示的数值。外部量子效率是发射到 LED 芯片和封装外的光子个数相对于流经 LED 的电子个数（电流）所占的比例。组合使用蓝色 LED 芯片和荧光体的白色 LED 的外部量子效率，是由内部量子效率（在 LED 芯片发光层内发生的光子个数占流经 LED 芯片的电子个数（电流）的比例）、芯片的光取出效率（将所发的光取出到 LED 芯片之外的比例）、荧光体的转换效率（芯片发出的光照到荧光体上转换为不同波长的比例）以及封装的光

取出效率（由 LED 和荧光体发射到封装外的光线比例）的乘积来决定。

在发光层产生的光子的一部分或在 LED 芯片内被吸收，或在 LED 芯片内不停地反射，出不了 LED 芯片。因此，外部量子效率比内部量子效率要低。发光效率为 100lm/W 的白色 LED，其输入电力只有 32% 作为光能输出到了外部，剩余的 68% 转变为热能。

通常白炽灯与荧光灯的光效分别为 15lm/W 与 60lm/W，灯泡的功率越大，光通量越大。对于一个性能较高的 LED 器件，光效为数十 lm/W，实验室水平也有达到 100lm/W 的。为使 LED 器件更快地用于照明，必须进一步提高 LED 器件的发光效率，估计 10 年后，LED 的光效可达 200lm/W。届时，人类将会迎来一个固态光源全面替代传统光源的新时代。

3. LED 的电容特性

由于 LED 的芯片有 9mil[⊖] × 9mil（250μm × 250μm），10mil × 10mil，11mil × 11mil（280μm × 280μm），12mil × 12mil（300μm × 300μm）等不同型号，其 pn 结面积大小不一，使其零偏压时的结电容也不相同。

在一些比较高端的应用场合，例如当 LED 的响应时间较为重要时，需要考虑 LED 的 pn 结电容特性。

LED 的结电容和电压变化之间关系的 *C-V* 特性呈二次函数关系（见图 2.18）。这一曲线图可由 1MHz 交流信号用 *C-V* 特性测试仪测得。

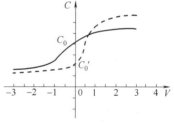

图 2.18　LED 结电容与偏压的关系

任务四　认识 LED 热学及其他特性参数

除了以上描述 LED 工作瞬时状态的光学和电学特性参数之外，在应用的角度，LED 的使用寿命、工作状态的稳定性和可靠性等参数，以及与寿命和稳定性密切相关的热学特性，也是非常重要的特性参数。

1. LED 的使用寿命与可靠性

LED 与传统光源相比较的一个重要优势就是其使用寿命长：一般而言，LED

⊖　1mil = 25.4 × 10⁻⁶ m。——编辑注

的使用寿命在 50000h 以上，还有一些生产商宣称其 LED 可以运作 100000h 左右。LED 之所以持久，是因为它不会产生灯丝熔断的问题。LED 不会直接停止运作，但它会随着时间的流逝而逐渐退化。理论预测以及实验数据表明，高质量 LED 在经过 50000h 的持续运作后，还能维持初始灯光亮度的 60%以上。假定 LED 已达到其额定的使用寿命，实际上它可能还在发光，只不过灯光非常微弱罢了。通常，LED 的寿命结束不是指其不能发光的时间，而是指其光通量（或额定电流）下降到最初使用的初始值一半的时间。

可靠性是在 LED 的工作（发光）期间，其各个主要特性参数保持在额定范围内的概率，这也是衡量 LED 产品优劣的一个重要指标。

2. LED 的热学特性

影响 LED 寿命长短的最重要因素是散热的好坏，要想延长 LED 的使用寿命，就必须降低 LED 芯片的温度。对于单个 LED 而言，如果热量集中在尺寸很小的芯片内而不能有效地散出，则会导致芯片的温度升高，引起热应力的非均匀分布、芯片发光效率和荧光粉激发效率下降。当温度超过一定值时，器件的失效率将呈指数规律攀升。

（1）结温及其对 LED 性能的影响

结温就是 LED 中 pn 结的温度，这是影响 LED 光学特性、电学特性以及寿命的最重要和最根本的参数。

据分析：元件温度每上升 2℃，可靠性将下降 10%。为了保证器件的寿命，一般要求 pn 结的结温在 110℃以下。而且，随着 pn 结结温的升高，白光 LED 器件的发光波长将发生红移。在 110℃的温度下，波长可以红移 4~9nm，从而导致 YAG 荧光粉吸收率下降，总的发光强度会减少，白光色度变差。在室温附近，温度每升高 1℃，LED 的发光强度会相应减少 1%左右，当器件从环境温度上升到 150℃时，亮度下降多达 35%。当多个 LED 密集排列组成白光照明系统时，热量的耗散问题更严重。因此解决散热问题已成为 LED 应用，尤其是功率型 LED 应用的首要问题。

（2）产生 LED 结温的原因

在 LED 工作时，可存在以下几种情况促使结温不同程度的上升：

1）元件不良的电极结构，视窗层衬底或结区的材料以及导电银胶等均存在一定的电阻值，这些电阻相互叠加，构成 LED 元件的串联电阻。当电流流过 pn

结时，同时也会流过这些电阻，从而产生焦耳热，引致芯片温度或结温的升高。

2）由于 pn 结不可能极端完美，元件的注入效率不会达到 100%，也就是说，在 LED 工作时除 p 区向 n 区注入电荷（空穴）外，n 区也会向 p 区注入电荷（电子），一般情况下，后一类的电荷注入不会产生光电效应，而以发热的形式消耗掉了。即使有用的那部分注入电荷，也不会全部变成光，有一部分与结区的杂质或缺陷相结合，最终也会变成热。

3）实践证明，出光效率的限制是导致 LED 结温升高的主要原因。目前，先进的材料生长与元件制造工艺已能使 LED 极大多数输入电能转换成光辐射能，然而由于 LED 芯片材料与周围介质相比，具有大得多的折射系数，致使芯片内部产生的极大部分光子（>90%）无法顺利地溢出界面，而在芯片与介质界面产生全反射，返回芯片内部并通过多次内部反射最终被芯片材料或衬底吸收，并以晶格振动的形式变成热，促使结温升高。

4）显然，LED 元件的热散失能力是决定结温高低的又一个关键条件。散热能力强时，结温将下降；散热能力差时，结温将上升。由于环氧胶是低热导材料，因此 pn 结处产生的热量很难通过透明环氧向上散发到环境中去，大部分热量通过衬底、银浆、管壳、环氧黏接层，PCB 与热沉向下发散。显然，相关材料的导热能力将直接影响元件的热散失效率。一个普通型的 LED，从 pn 结区到环境温度的总热阻为 300～600℃/W（热阻的概念：稳态时在晶片表面每耗散 1W 的功率，晶片结点与参考点之间的温差，由晶片和封装结构的特性决定），对于一个具有良好结构的功率型 LED 元件，其总热阻为 15～30℃/W。巨大的热阻差异表明普通型 LED 元件只有在很小的输入功率条件下，才能正常地工作，而功率型元件的耗散功率可大到瓦级甚至更高。

（3）降低 LED 结温的途径

LED 的输入功率是元件热效应的唯一来源，能量的一部分变成了辐射光能，其余部分最终均变成了热，从而抬升了元件的温度。显然，减小 LED 温升效应的主要方法，一是设法提高元件的电光转换效率（又称外量子效率），使尽可能多的输入功率转变成光能，另一个重要的途径是设法提高元件的热散失能力，使结温产生的热，通过各种途径散发到周围环境中去。降低 LED 结温所采取的主要的途径如下：

1）减少 LED 本身的热阻。

2）良好的二次散热机构。

3）减少 LED 与二次散热机构安装界面之间的热阻。

4）控制额定输入功率。

5）降低环境温度。

3. LED 的响应时间

在 LED 显示屏等应用场合，需要考虑 LED 对控制信号变化的响应速度的快慢，响应时间就是这样一个参量。在快速显示时，标志器件对信息反应速度的物理量叫响应时间，即指器件启亮（上升）与熄灭（衰减）时间的延迟。实验证明，二极管的上升时间随电流的增加而近似呈指数衰减。它的响应时间一般都很短，如 GaAs1-xPx 仅为几 ns，Gap 约为 100ns。在用脉冲电流驱动二极管时，脉冲的间隔和占空因数必须在器件响应时间所许可的范围内。

响应时间表征某一显示器跟踪外部信息变化的快慢。现有几种显示 LCD（液晶显示）的响应时间为 $10^{-5} \sim 10^{-3}$ s，CRT、PDP、LED 的响应时间都达到了 $10^{-7} \sim 10^{-6}$ s。

1）响应时间从使用角度来看，就是 LED 点亮与熄灭所延迟的时间。

2）响应时间主要取决于载流子寿命、器件的结电容及电路阻抗。

LED 的点亮时间是指接通电源使发光亮度达到正常的 10% 开始，一直到发光亮度达到正常值的 90% 所经历的时间。

LED 的熄灭时间是指正常发光减弱至原来的 10% 所经历的时间。

不同材料制得的 LED 响应时间各不相同，如 GaAs、GaAsP、GaAlAs 的响应时间小于 10^{-9} s，GaP 的响应时间为 10^{-7} s。因此它们可用在 10 ~ 100MHz 高频系统。

习题与思考

1. 什么是辐射通量？什么是光通量？瓦特和流明的关系是怎样的？

2. LED 的光度学特性参量有哪些，其各自的单位是什么？

3. 简述计算机中的 RGB 颜色系统。

4. HIS 色度系统中 H、I、S 三个分量的含义各是什么？

5. CIE 1931-RGB 色度系统和 CIE 1931-XYZ 色度系统的联系和区别各是

什么？

6. 峰值波长、主波长和色温分别用来描述什么光源的颜色特性？其各自的概念是怎样的？

7. 什么是显色指数？

8. LED 的伏安特性曲线分为哪几个区域？

9. LED 的工作电压一般为多少？工作电流呢？

10. 什么是 LED 的发光效率？

项目三　LED 芯片技术

学习目标与任务导入

　　项目三将首先介绍 LED 行业中产业链各个环节的划分和基本状况；接着介绍 LED 的芯片的结构和特性分类；进而介绍 LED 芯片的制造过程，包括衬底材料制备以及外延片生长和最后的芯片制作成型等各个工艺步骤。

任务一　认识 LED 产业链

　　LED 及其相关行业正成为世界各国经济发展的一个热点和焦点。本节以 LED 行业的整条产业链中的上、中、下游产业为线索，介绍 LED 产业链各环节的基本知识和概念。

　　LED 产业链是指 LED 从上游的芯片制造，到中游的灯珠封装，直至下游的产品成品应用各个环节的相关产业，并且包括了各个环节中的生产和检测设备等一系列产业。图 3.1 所示为 LED 产业链各环节以及相关工艺过程的示意图，图 3.1 中的上半部分为芯片制造，下半部分为灯珠封装以及应用产品。

一、LED 产业链的产品分类

　　从图 3.1 中可见，LED 产业链主要分为芯片制造、灯珠封装和应用产品三大环节，其中芯片制造又分为衬底形成、外延片生长以及芯片制备成型三个部分。LED 的封装相对固定，而 LED 的应用产品主要包括显示和照明两大模块。此外，LED 产业链中还包括 LED 驱动电源产业，以及为以上各个环节的生产提供设备和原材料的设备提供商。因此，LED 产业链通常包括以下七个行业：芯片、封

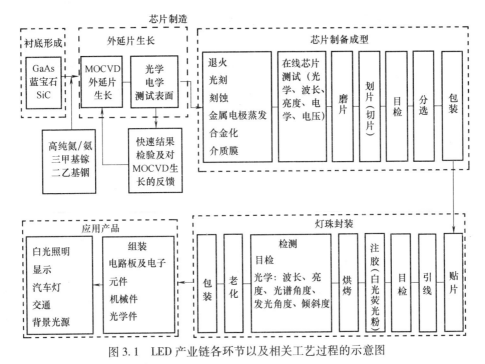

图 3.1　LED 产业链各环节以及相关工艺过程的示意图

装、驱动与控制、显示、照明、设备、原料,从产品的角度来看,这些行业的产品分类如下所述。

(1)芯片行业产品

包括黄色芯片、绿色芯片、蓝色芯片、红色芯片、紫色芯片、橙色芯片、普通芯片、功率型芯片、高亮度芯片、紫外芯片、激光管芯片等各型芯片。如果只是做到外延片的层面则有:GaN 外延、GaAs 外延、GaP 外延、InGaAIP 外延、InGaN 外延、AIGaAs 外延等。

(2)封装行业产品

包括全色 LED 发光管、双色 LED 发光管、白色 LED 发光管、蓝色 LED 发光管、红色 LED 发光管、黄色 LED 发光管、绿色 LED 发光管、橙色 LED 发光管、紫色 LED 发光管、食人鱼型、SMD-LED、大功率 LED、特种发光管、红外发射/接收系列,加上点阵、模块方面的有 LED 点阵、LED 模块、LED 发光模块/条、数码管等。

(3)驱动与控制行业产品

包括恒流驱动电源、恒压驱动电源、显示屏控制系统、其他控制系统、LED

管理软件、LED 播放软件，以及低端的各种电池等。

（4）显示行业产品

背光屏：侧背光、底背光、SMD 贴片背光、高亮度背光、液晶背光源、背光板、LED 导光板、导光膜、反射/扩散膜、ITO 膜。

显示屏：全彩显示屏、双基色显示屏、单色显示屏、资讯显示板、LED 数码屏、广告显示牌、记分板。

指示屏灯：LED 霓虹光源、立体发光字、标志灯、特殊指示灯、LED 广告灯。

（5）照明行业产品

交通照明：LED 交通灯、行人控制灯、变化信息牌、航路控制灯、航空灯、机场灯、飞机内灯、机外灯、障碍灯、灯塔灯。

景观照明：LED 杯灯、LED 幕墙灯、地砖灯、草坪灯、地埋灯、水底灯、护栏灯、室外射灯、LED 轮廓灯、LED 彩虹管、LED 球泡灯、LED 像素灯、LED 星星灯、LED 柔性光条、LED 灯串、泛光灯、LED 舞台灯。

室内照明：吸顶灯、LED 台灯、LED 壁灯、LED 吊灯、LED 射灯、LED 灯饰、LED 小夜灯、家用大功率灯。

汽车灯：LED 汽车前灯、LED 汽车后灯、LED 刹车灯、车内照明灯、汽车侧灯、底盘灯、仪表灯、车内装饰灯。

特种照明：手电筒、LED 矿灯、LED 应急灯、手摇灯、圣诞灯。

灯饰配件：灯杯外壳、灯头、灯座、五金配件、塑胶配件、玻璃配件、散热架、照明散热铝板。

（6）设备行业产品

专门的设备生产商主要集中在芯片和封装领域。

芯片设备：衬底外延/芯片制造设备、测试设备/仪器、超声清洗、光热固化机、点光源/光源器、金属有机化学气相沉积（Metal Organic Chemical Vapor Deposition，MOCVD）及配套设备。

封装设备：LED 灌胶机、分光分色机、封装材料、扩晶机、固晶机、共晶机、邦定机、点胶机、黏胶机、晶片划机、背胶机、脱模机、切脚机、烘烤箱、光电显微镜、显微镜座、数码管/点阵检测仪、测试仪器、抽真空机、液压机、光谱分析。

（7）原料行业产品

包括衬底晶体、MO 源、高纯气体、模条/夹具/基板、支架、透镜、化学溶液、荧光粉、翻转膜、晶片膜、金线/铝线、扩晶环、LED 胶带、环氧树脂、绝缘胶/有机胶/导电银浆、精密模具、刺晶座、塑胶制品、LED 增亮剂、劈刀/钢/瓷咀。

二、产业链顺序与利润分配

以上从产品的角度介绍了 LED 产业各行业的划分，而这些不同行业之间也互相渗透，共同构筑了一个完整的 LED 产业链。

LED 产业具有典型的不均衡产业链结构，其自上而下是一种金字塔形的产业链，利润集中在上游。LED 产业链自上而下的划分如下所述。

（1）上游：衬底材料生产、外延片的生长、芯片制造

LED 上游产业主要是指 LED 发光材料外延片制造和芯片制造。由于外延工艺的高度发展，器件的主要结构如发光层、限制层、缓冲层、反射层等均已在外延工序中完成，芯片制造主要是做正、负电极和完成分割检测。

在 LED 产业链的上游，我国面临的核心问题是缺乏核心技术和专利。LED 产业是一个技术引导型产业，核心技术和专利决定了企业在产业链的地位和利润分配。国产 LED 外延材料和芯片以中低档为主，80% 以上的功率型 LED 芯片和器件依赖进口。

（2）中游：LED 器件封装

LED 中游产业是指 LED 器件封装产业。在半导体产业中，LED 器件封装产业与其他半导体器件封装产业不同，它可以根据用于现实、照明、通信等不同场合，封装出不同颜色、不同形状的品种繁多的 LED 发光器件。

（3）下游：应用 LED 显示或照明器件后形成的产业

LED 下游产业是指应用 LED 显示或照明器件后形成的产业。就 LED 应用来讲，面应该更广，还应包括那些在家电、仪表、轻工业产品中的信息显示，但这些不足以支撑 LED 下游产业。其中主要的应用产业有 LED 显示屏、LED 交通信号灯、太阳能电池 LED 航标灯、液晶背光源、LED 车灯、LED 景观灯饰、LED 特殊照明等。

上游产业的衬底、外延材料与芯片制造，属于技术和资金密集行业；中游产

业器件与模块封装以及下游产业显示与照明应用，属于技术和劳动密集行业。在 LED 产业链上，LED 外延片跟 LED 芯片约占行业 70% 的利润，LED 封装和应用占行业 30% 的利润。

欧、美、日在新技术或新产品的研发均领先其他各国厂商，日系大厂的优势在于蓝光、白光等技术领先，欧美大厂的优势则是产业垂直整合最为完整，并以高端应用产品市场为主。目前全球 HB-LED（高亮度 LED）产业中，Nichia（日本日亚）、Agilent/LumiLeds（美国与德国合资）、OSRAM Opto Semicondutors（德国）、ToyadaGosei（日本）以及中国台湾的一些工厂都拥有不同领域的技术及专利优势。

任务二　认识 LED 芯片的结构与特性分类

LED 芯片是半导体发光器件 LED 的核心部件，它主要由砷（As）、铝（Al）、镓（Ga）、铟（In）、磷（P）、氮（N）、锶（Si）这几种元素中的若干种组成。从结构上，芯片主要由两部分组成，一部分是 p 型半导体，在它里面空穴占主导地位，另一部分是 n 型半导体，在这边主要是电子。但这两种半导体连接起来的时候，它们之间就形成一个 pn 结。当电流通过导线作用于这个晶片的时候，电子就会被推向 p 区，在 p 区里电子跟空穴复合，然后就会以光子的形式发出能量。而光的波长也就是光的颜色，是由形成 pn 结的材料决定的。从制造工艺的角度看，LED 芯片的结构示意图如图 3.2 所示。

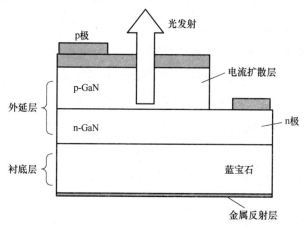

图 3.2　LED 芯片的结构示意图

一般情况下，LED 芯片有按芯片功率大小分类的，也有按波长、颜色分类的，还有按材料的不同进行分类的。但无论怎样分类，对 LED 芯片供应商和 LED 芯片采购商来说，LED 芯片应当提供下列技术指标：LED 芯片的几何尺寸、材料组成、衬底材料、pn 型电极材料、LED 芯片的波长范围、LED 裸晶的亮度光强范围，LED 芯片的正向电压、正向电流、反向电压、反向电流，LED 芯片的工作环境温度、储存温度、极限参数等。

芯片按发光亮度分类可分为：

1）一般亮度：R（红色 GaAsP 655nm）、H（高红 GaP 697nm）、G（绿色 GaP 565nm）、Y（黄色 GaAsP/GaP 585nm）、E（橘色 GaAsP/GaP 635nm）等。

2）高亮度：VG（较亮绿色 GaP 565nm）、VY（较亮黄色 GaAsP/GaP 585nm）、SR（较亮红色 GaA/AS 660nm）。

3）超高亮度：UG、UY、UR、UYS、URF、UE 等。

芯片按组成元素可分为：

1）二元晶片（P、Ga）：H、G 等。

2）三元晶片（P、Ga、As）：SR（较亮红色 GaAlAs 660nm）、HR（超亮红色 GaAlAs 660nm）、UR（最亮红色 GaAlAs 660nm）等。

3）四元晶片（P、Al、Ga、In）：SRF（较亮红色 AlGaInP）、HRF（超亮红色 AlGaInP）、URF（最亮红色 AlGaInP 630nm）、VY（较亮黄色 GaAsP/GaP 585nm）、HY（超亮黄色 AlGaInP 595nm）、UY（最亮黄色 AlGaInP 595nm）、UYS（最亮黄色 AlGaInP 587nm）、UE（最亮橘色 AlGaInP 620nm）、HE（超亮橘色 AlGaInP 620nm）、UG（最亮绿色 AIGaInP 574nm）LED 等。

从芯片制作的专业角度看，还可以根据其结构特点进行如下分类：

1）MB 芯片：金属黏着芯片。

特点：

① 采用高散热系数的材料 Si 作为衬底，散热容易。

② 通过金属层来接合磊晶层和衬底，同时反射光子，避免衬底的吸收。

③ 导电的 Si 衬底取代 GaAs 衬底，具备良好的热传导能力（导热系数相差 3~4 倍），更适用于高驱动电流领域。

④ 底部金属反射层，有利于光度的提升及散热。

⑤ 尺寸可加大，应用于高功率领域，例如：42mil 的 MB 芯片。

2）GB 芯片：黏着结合芯片。

特点：

① 透明的蓝宝石衬底取代吸光的 GaAs 衬底，其出光功率是传统吸收衬底（Absorbable Structure，AS）芯片的 2 倍以上，蓝宝石衬底类似透明衬底（Transparent Structure，TS）芯片的 GaP 衬底。

② 芯片四面发光，具有出色的 Pattern 图。

③ 亮度方面，其整体亮度已超过 TS 芯片的水平（8.6mil）。

④ 双电极结构，其耐高电流方面要稍差于 TS 单电极芯片。

3）TS 芯片。

特点：

① 芯片工艺制作复杂，远高于 AS LED。

② 信赖性卓越。

③ 透明的 GaP 衬底，不吸收光，亮度高。

④ 应用广泛。

4）AS 芯片。

特点：

① 四元芯片，采用 MOVPE 工艺制备，亮度相对于常规芯片要亮。

② 信赖性优良。

③ 应用广泛。

不同结构类型的 LED 芯片导致不同的发光颜色，其关系见表 3.1。

表 3.1　LED 芯片结构和其发光颜色的关系

类　别	颜　色	波长/nm	结　构
可见光	红	645~655	AlGaAs/GaAs
	高亮度红	630~645	AlGaInP/GaAs
	橙	605~622	GaAsP/GaP
	高亮度橙		AlGaInP/GaAs
	黄	585~600	GaAsP/GaP
	高亮度黄		AlGaInP/GaAs
	黄绿	569~575	GaP/GaP
	高亮度黄绿		AlGaInP/GaAs

（续）

类　别	颜　色	波长/nm	结　构
可见光	绿	555~560	GaP/GaP
	高亮度绿		AlGaInP/GaAs
	高亮度蓝绿/绿	490~540	GaInN/Sapphire
	高亮度蓝	455~485	GaInN/Sapphire
不可见光	红外线	850~940	GaAs/GaAs AlGaAs/GaAs AlGaAs/AlGaAs

任务三　掌握 LED 芯片的制造技术与工艺过程

根据图 3.1 所示的 LED 芯片的结构，LED 芯片主要由三个部分构成：衬底层、外延层和电极，而 LED 的制作过程也可分解为以上三个环节，即衬底片制备、外延生长和芯片制作。

LED 芯片的制作工艺过程如图 3.3 所示，图 3.3 中的最后一个步骤属于灯珠封装过程，前三个步骤就是 LED 芯片制造的上述三个环节。

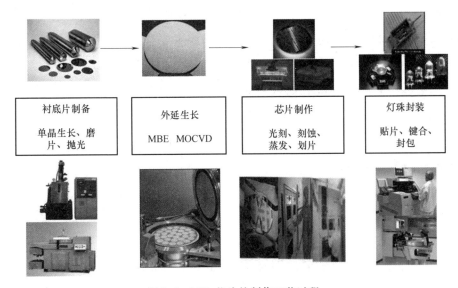

图 3.3　LED 芯片的制作工艺过程

三个工艺环节的工艺过程如下所述。

（1）衬底制作

LED 芯片用的衬底实际上就是一块半导体晶片，实际采用的衬底材料主要有蓝宝石、Si 和 SiC 三种。首先要将材料用一定的晶体生长方式使其生长成为一根晶棒，然后再用一定的工艺将其切割成薄片状的衬底片，如图 3.4 所示。

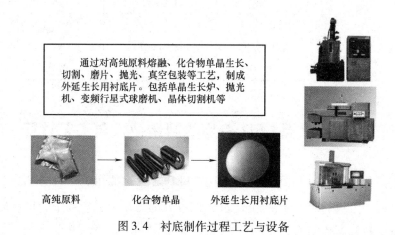

通过对高纯原料熔融、化合物单晶生长、切割、磨片、抛光、真空包装等工艺，制成外延生长用衬底片。包括单晶生长炉、抛光机、变频行星式球磨机、晶体切割机等

高纯原料　　　　化合物单晶　　　外延生长用衬底片

图 3.4　衬底制作过程工艺与设备

（2）外延片制作

在衬底上制作 GaN 基的外延片，这个过程主要是在 MOCVD 外延炉中完成的。准备好制作 GaN 基外延片所需的材料源和各种高纯的气体之后，按照工艺的要求就可以逐步把外延片做好。常用的衬底主要有蓝宝石、SiC 和 Si 衬底，还有 GaAs、AlN、ZnO 等材料。MOCVD 是利用气相反应物（前驱物）及Ⅲ族的有机金属和Ⅴ族的 NH3 在衬底表面进行反应，将所需的产物沉积在衬底表面，通过控制温度、压力、反应物浓度和种类比例，从而控制镀膜成分、晶相等品质。MOCVD 外延炉是制作 LED 外延片最常用的设备。如图 3.5 所示。

（3）芯片成型

电极制作是制作 LED 芯片的关键工序。包括清洗、蒸镀、黄光、化学蚀刻、熔合、研磨；然后对 LED 毛片进行划片、测试和分选，就可以得到所需的 LED 芯片。如果晶片清洗不够干净，蒸镀系统不正常，会导致蒸镀出来的金属层（指蚀刻后的电极）脱落，以及出现金属层外观变色、金泡等异常。蒸镀过程中有时需要用弹簧夹固定晶片，因此可能会产生夹痕，这种晶片必须剔除。黄光作业内

所谓"外延生长"就是在高真空条件下，采用分子束外延 (MBE)、液相外延 (LPE)、金属有机化学气相沉积 (MOCVD) 等方法，在晶体衬底上，按照某一特定晶面生长的单晶薄膜的制备过程

半导体外延生长主要采用MBE和MOCVD工艺

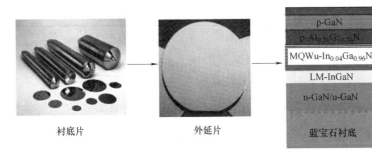

衬底片　　　　　　　外延片

图 3.5　外延片制作过程工艺与设备

容包括烘烤、上光阻、照相曝光、显影等，若显影不完全及光罩有破洞会有发光区残留金属。晶片在前段制程中，如清洗、蒸镀、黄光、化学蚀刻、熔合、研磨等作业都必须使用镊子及花篮、载具等，因此会有晶粒电极刮伤的情形发生。如图 3.6 所示。

在外延片的基础上采用光刻、刻蚀、蒸发、镀膜、电极制备、划片等半导体工艺制作具有一定功能的结构单元。主要采用光刻机、RIE、PECVD、离子注入、化学气相沉积、磨片抛光、镀膜机、划片机等半导体工艺设备

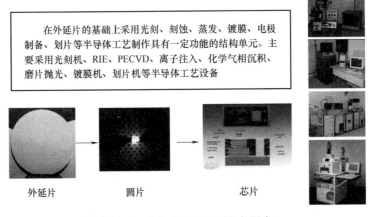

外延片　　　　　圆片　　　　　芯片

图 3.6　芯片成型过程工艺与设备

一、LED 芯片衬底的选用及其制造技术

衬底是 LED 技术发展的基石。不同的衬底材料，需要不同的外延生长技术、芯片加工技术和器件封装技术，衬底材料决定了半导体照明技术的发展路线。衬底材料的选择主要基于以下十大特性：晶格失配度、界面特性、化学稳定性、导热性能、热失配度、导电性、光学性能、机械性能、成本价格、几何尺寸。

但是，LED 选择的衬底能够同时满足以上十大特性极为困难，可以说迄今为止还没有哪一种衬底材料是十全十美的，目前正在采用的衬底材料似乎都有些委曲求全。例如：最理想的 GaN 衬底材料，其制造技术尚未突破；Si 衬底依然困难重重；最绿色的 ZnO 衬底，其技术障碍尚待攻克。

1. LED 芯片衬底的种类和性能比较

表 3.2 对五种可用于 GaN（白光 LED）生长的衬底材料性能优劣进行了定性比较。

表 3.2 五种可用于 GaN 生长的衬底材料性能优劣定性比较

衬底材料	Al_2O_3	SiC	Si	ZnO	GaN
晶格失配度	差	中	差	良	优
界面特性	良	良	良	良	优
化学稳定性	优	优	良	差	优
导热性能	差	优	优	优	优
热失配度	差	中	差	差	优
导电性	差	优	优	优	优
光学性能	优	优	差	优	优
机械性能	差	差	优	良	中
成本价格	中	高	低	高	高
几何尺寸	中	中	大	中	小

以下分别讨论可用于 LED 的五种衬底材料。

（1）蓝宝石衬底

目前用于 GaN 生长的最普遍的衬底是蓝宝石，即 Al_2O_3，如图 3.7 所示，其

市场占有率第一。蓝宝石衬底是源于日本公司的专利技术。主要优点是：化学稳定性好，不吸收可见光，价格适中，制造技术相对成熟；不足方面虽多，但均被基本克服，如：大的晶格失配被过渡层生长技术所克服；导电性差通过同侧 p、n 电极所克服；不易机械切割由激光划片技术所克服；大的热失配对外延层形成压应力因而不会龟裂。但是，较差的导热性在小电流工作下没有暴露出明显不足，而在功率型器件大电流工作下问题却十分突出。

图 3.7　蓝宝石衬底

　　国内外蓝宝石衬底今后的研发方向是生长大直径的单晶，向 4～6in 方向发展，以及降低杂质污染和提高表面抛光质量。

　　（2）SiC 衬底

　　目前，除蓝宝石衬底外，可用于 GaN 生长的衬底就是 SiC，市场占有率位居第二。SiC 衬底是源于美国公司的专利技术。目前还没有第三种衬底用于 GaN LED 的商业化生产。SiC 有许多突出的优点，如：化学稳定性好、导电性能好、导热性能好、不吸收可见光等，但缺点也很突出，如：价格太高，晶体质量难以达到蓝宝石和 Si 那么好，机械加工性能比较差。另外，SiC 衬底吸收 380nm 以下的紫外光，不适合用来研发 380nm 以下的紫外 LED。

　　但是，由于 SiC 衬底优异的导电性能和导热性能，无需像蓝宝石衬底上功率型 GaN LED 器件所采用的倒装焊接技术解决散热问题，而是采用上下电极结构，可以较好地解决功率型 GaN LED 器件的散热问题，故在半导体照明技术领域的发展中占有重要的地位。SiC 衬底片如图 3.8 所示。

图 3.8　SiC 衬底片

目前，国际上能提供商用的高质量的 SiC 衬底的厂家只有美国 Cree 公司。国内外 SiC 衬底今后研发的任务是大幅度降低制造成本和提高晶体结晶质量。

（3）Si 衬底

Si 衬底是源于中国的专利技术。在 Si 衬底上制备发光二极管是照明领域里的理想材料，主要原因是一旦技术获得全面突破，外延生长成本和器件加工成本将大幅度下降。并且，Si 片作为 GaN 材料的衬底有许多优点，如：晶体质量高、尺寸大、成本低、易加工，导电性、导热性和热稳定性良好等。然而，由于 GaN 外延层与 Si 衬底之间存在巨大的晶格失配和热失配，以及在 GaN 的生长过程中容易形成非晶 SiN，所以在 Si 衬底上很难得到无龟裂及器件级质量的 GaN 材料。而且，因 Si 衬底对光的吸收严重，致使 Si 衬底的 LED 出光效率低，从而成为一种技术瓶颈。

目前的国际水平：德国 Magdeburg 大学研制的 Si 衬底蓝光 LED，其光功率最好的水平是 420mW。日本 Nagoya 研究所报道的 Si 衬底蓝光 LED 光输出功率为 18mW。

中国的晶能光电是拥有 Si 衬底 GaN 外延生长和芯片加工技术的公司，开拓了以 Si 衬底生长外延片新的技术路线，打破了以美国为代表的蓝宝石衬底技术和以日本为代表的 SiC 衬底技术的垄断。

晶能光电基于 Si 基 GaN 技术研发的蓝光 LED 器件在 350mA 电流下获得3.2V、480mW、100lm 的光效输出，GaN 内量子效应已达到蓝宝石衬底生长的同比水平。晶能光电产品的成功开发表示 Si 基 GaN LED 技术必将为未来量产固态照明所需的高性能 LED 器件提供更有效的解决方案。

（4）GaN 衬底

白光 LED 所用的 GaN 生长，最理想的衬底自然应当是 GaN 单晶材料，可以大大提高外延膜的晶体质量，降低位错密度，提高器件工作寿命，提高发光效率，提高器件工作电流密度。但是，制备 GaN 单晶材料非常困难，截至目前尚未有行之有效的方法。有研究人员通过氢化物气相外延（Hydride Vapor Phase Epitaxy，HVPE）方法在其他衬底，如：蓝宝石、SiC、镓酸锂（LiGaO$_2$）上生长 GaN 厚膜，然后通过剥离技术实现衬底和 GaN 厚膜分离，分离后的 GaN 厚膜可作为外延用的衬底。这样获得的 GaN 厚膜优点非常明显，与在蓝宝石、SiC 上外延的 GaN 薄膜的位错密度相比要明显降低；但价格昂贵，故 GaN 厚膜作为半导体照明衬底受到限制。

缺乏 GaN 衬底是阻碍氮化物研究的主要困难之一，也是造成 GaN 发光器件进展再次停顿的根本原因。虽然曾有人从高压熔体中得到了单晶 GaN 体材料，但尺寸很小，无法使用。虽然在蓝宝石衬底上可以生产出中低档 GaN 发光二极管产品，但高档产品必须在 GaN 衬底上生产。目前，只有日本几家公司能够提供 GaN 衬底，但价格昂贵，一片 2in 衬底的价格约为 1 万美元，这些衬底全部由 HVPE 方法生产，技术工艺复杂。

HVPE 是 20 世纪 60 年代的技术，生长速率很快（1min 可达 1μm 以上）。20 世纪 80 年代，因不能生长量子阱 QW（指由两种不同的半导体材料相间排列形成的具有明显量子限制效应的电子或空穴的势阱）、超晶格等结构材料，被 MOCVD 等技术淘汰。然而，由于 HVPE 生长速率快，可以生长 GaN 衬底，故又"老调重弹"受到重视。可以预测，GaN 衬底会继续发展并形成产业化，HVPE 技术将重新受到重视，并有望生产出实用化的 GaN 衬底。但是，至今为止国际上尚无商品化的设备出售。

如今，GaN 衬底技术的研发重点是寻找实用的生长方法，并大幅降低成本。

（5）ZnO 衬底

ZnO 作为 GaN 外延的候选衬底，是由于两者非常惊人的相似，即：两者晶体结构相同、晶格失配度非常小，禁带宽度接近。但是，ZnO 作为 GaN 外延衬底的致命的弱点是 GaN 在外延生长的温度和气氛中容易分解和被腐蚀。目前，ZnO 半导体材料尚不能用来制造光电子器件或高温电子器件，主要是材料质量达不到器件级水平，P 型掺杂问题也没有真正解决，适合 ZnO 基半导体材料生长的设备尚未研制成功。今后研发的重点是寻找合适的生长方法。

但是，ZnO 本身就是一种有潜力的发光材料。ZnO 的禁带宽度为 3.37eV，属直接带隙，与 GaN、SiC、金刚石等宽禁带半导体材料相比，近 380nm 紫光波段发展潜力最大，是高效紫光发光器件和低阈值紫光半导体激光器的候选材料。

另外 ZnO 材料的生长非常安全，可以采用没有任何毒性的水为氧源，用有机金属锌为锌源。因而，今后 ZnO 材料的生产是真正意义上的绿色生产，而且，原材料锌和水资源丰富、价格便宜，有利于大规模生产和持续发展。

（6）衬底技术与白光固体光源的发展

综上所述，目前只能通过外延生长技术的变更和器件加工工艺调整来适应不同衬底上的半导体发光器件的研发和生产。GaN 是蓝光发光器件中的一种具有重要应用价值的半导体。虽然可用于 GaN 研究的衬底材料比较多，但是，目前能用于生产的衬底只有两种，即：蓝宝石和 SiC 衬底。

以上对于 LED 衬底材料的讨论，主要是限于白光固体光源目前的技术体系，即：基于 GaN 近紫外蓝光 LED 激发荧光粉胶构成的白光 LED 固体光源解决方案。如果今后这种体系没有基本改变，那么在围绕生长 GaN 的衬底材料上，将会出现技术上的变革，例如，Si 衬底、GaN 衬底或 ZnO 衬底的成功突破。那么，蓝宝石衬底和 SiC 衬底将会相形见绌。这将使得白光 LED 在性能、价格和工艺上超越目前的水平。事实上，全世界在这方面的技术攻关从来就没有停止过。如果在衬底战略研究上下狠功夫，可能会使不少企业跨入全新的转机。

2. LED 芯片衬底的制备

以下以最常用的蓝宝石衬底为例介绍 LED 芯片衬底的制备过程。蓝宝石 LED 芯片衬底最后要做成薄片状的蓝宝石晶体片，这是分为两个环节的工序来实现的。第一是晶体棒的制备，即制备出一根一定长度和粗细的蓝宝石晶体棒；第二是将上一工序制成的晶体棒再通过切割以及辅助工序加工成最后的成品即薄片状的蓝宝石衬底片。而且由于晶体是各向异性的材料，最后制备的衬底薄片其方向性必须是正确的，所以加工时必须考虑晶体特性导致的方向性问题。

蓝宝石的组成为氧化铝（Al_2O_3），是由三个氧原子和两个铝原子以共价键型式结合而成，其晶体结构为六方晶格结构。它常被应用的切面有 A 面、C 面及 R 面。由于蓝宝石的光学穿透带很宽，从近紫外光（190nm）到中红外线都具有很好的透光性，因此被大量用在光学元件、红外装置、高强度镭射镜片材料及光罩材料上，它具有高声速、耐高温、抗腐蚀、高硬度、高透光性、熔点高（2045℃）等特点，是一种相当难加工的材料，因此常被用来作为光电元件的材料。目前超高亮度白/蓝光LED的品质取决于GaN磊晶的材料品质，而GaN磊晶的品质则与所使用的蓝宝石基板表面加工品质息息相关，蓝宝石（单晶Al_2O_3）C面与III-V和II-VI族沉积薄膜之间的晶格常数失配率小，同时符合GaN磊晶制程中耐高温的要求，使得蓝宝石晶片成为制作白/蓝/绿光LED的关键材料。

图3.9和图3.10所示分别为蓝宝石晶体分子结构与晶面结构示意图以及蓝宝石晶体实物切片的C面图。在实际加工时，一定要让C面成为最后的衬底薄膜平面。

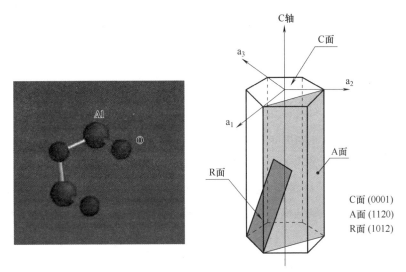

图3.9 蓝宝石晶体分子结构与晶面结构示意图

（1）晶棒的制备

晶棒的制备包括以下几个工序：

长晶→定向→掏棒→滚磨→品检。

1）长晶。

第一个步骤长晶，即通常用专业术语来描述"晶体生长"是晶体棒的制造中最关键的一个工序过程，长晶就是利用长晶炉生长尺寸大且高品质的单晶蓝宝石晶体。

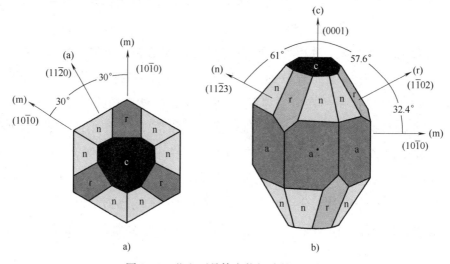

图 3.10　蓝宝石晶体实物切片的 C 面图

晶体生长通常有三种方法：提拉法、泡生法和热交换法。

① 提拉法。

提拉法的设备简图如图 3.11 所示。将预先合成好的多晶原料装在坩埚中，并被加热到原料的熔点以上。此时，坩埚内的原料就熔化为熔体，在坩埚的上方有一根可以旋转和升降的提拉杆，杆的下端带有一个夹头，其上装有籽晶。降低提拉杆，使籽晶插入熔体中，只要温度合适，籽晶既不熔掉也不长大，然后慢慢地向上提拉和转动晶杆。同时，缓慢地降低加热功率，籽晶就逐渐长粗，小心地调节加热功率，就能得到所需直径的晶体。整个生长装置安放在一个可以封

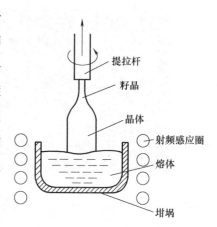

图 3.11　提拉法的设备简图

闭的外罩里，以便使生长环境中有所需要的气氛和压强。通过外罩的窗口，可以观察到生长的情况。用这种方法已经成功地长出了半导体、氧化物和其他绝缘类型的大晶体。

这种方法的主要优点如下：

a. 在生长的过程中可以方便地观察晶体的生长情况。

b. 晶体在熔体表面处生长，而不与坩埚相接触，这样能显著地减小晶体的应力，并防止埚壁的寄生成核。

c. 可以方便地使用定向籽晶和"缩颈"工艺。缩颈后面的籽晶，其位错可大大减少，这样可以使放大后生长出来的晶体，其位错密度降低。

总之，提拉法生长的晶体，其完整性很高，而生长率和晶体尺寸也是令人满意的。例如，提拉法生长的蓝宝石晶体，具有较低的位错密度，较高的光学均匀性，也不存在镶嵌结构。

② 泡生法。

这种方法是将一根受冷的籽晶与熔体接触，如果界面的温度低于凝固点，则籽晶开始生长，为了使晶体不断长大，就需要逐渐降低熔体的温度，同时旋转晶体，以改善熔体的温度分布。也可以缓慢地（或分阶段地）上提晶体，以扩大散热面。晶体在生长过程中或生长结束时不与坩埚壁接触，这就大大减少了晶体的应力。不过，当晶体与剩余的熔体脱离时，通常会产生较大的热冲击。泡生法的示意图如图 3.12 所示。可以认为目前常用的高温溶液顶部籽晶法是该方法的改良和发展。

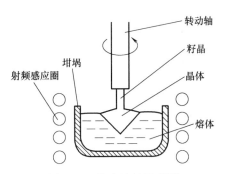

图 3.12 泡生法的示意图

采用泡生法生长大直径、高质量、无色蓝宝石晶体的具体工艺如下：

a. 将纯净的 α-Al$_2$O$_3$ 原料装入坩埚中。坩埚上方装有可旋转和升降的提拉杆，杆的下端有一个籽晶夹具，在其上装有一粒定向的无色蓝宝石籽晶（注：生长无色蓝宝石时不添加致色剂，籽晶也采用无色蓝宝石）。

b. 将坩埚加热到2050℃以上，降低提拉杆，使籽晶插入熔体中。

c. 控制熔体的温度，使液面温度略高于熔点，熔去少量籽晶以保证晶体能在清洁的籽晶表面上生长。

d. 在实现籽晶与熔体充分沾润后，使液面温度处于熔点，缓慢向上提拉和转动籽晶杆；控制拉速和转速，籽晶逐渐长大。

e. 小心地调节加热功率，使液面温度等于熔点，实现宝石晶体生长的缩颈、扩肩、等径生长和收尾全过程。

整个晶体生长装置安放在一个外罩内，以便抽真空后充入惰性气体，保持生长环境中需要的气体和压强。通过外罩上的窗口观察晶体的生长情况，随时调节温度，保证生长过程正常进行。

③ 热交换法。

在热交换法生长蓝宝石晶体的过程中，坩埚底部放置籽晶的地方是低温区，当坩埚中的原料全部融化后，籽晶除接触熔体处略融外，其余部分保持不变。随着调节通入的氦气流量逐渐增大，低温区逐渐向上扩大，熔体自上部的高温区至下部的低温区形成了一个温度梯度分布，其梯度的大小与通入的氦气量有关。固液界面的位置产生了一个自下向上的推移过程，实现了晶体生长。因为温度的分布与重力场相反，因而熔体中没有对流作用发生，保证了晶体在稳定状态下生长，有利于获得高质量的蓝宝石晶体。热交换法的装置及原理如图 3.13 所示。

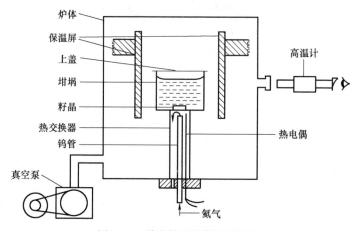

图 3.13　热交换法的装置及原理

2）定向。

确保蓝宝石晶体在掏棒机台上的正确位置，便于掏棒加工。

3）掏棒。

以特定的方式从蓝宝石晶体中掏取出蓝宝石晶棒。

4）滚磨。

用外圆磨床进行晶棒的外圆磨削，得到精确的外圆尺寸精度。

5）品检。

确保晶棒品质以及掏取后的晶棒尺寸与方位是否符合客户规格。

经过以上几个步骤后，晶棒就制备完毕了。

（2）衬底晶片的制备

LED芯片衬底制作的第二个环节是将晶棒切割制备成晶片。这一过程包括以下几个工序：

定向→切片→研磨→倒角→抛光→清洗→品检。

各工序简介如下：

1）定向。

在切片机上准确定位蓝宝石晶棒的位置，以便于精准切片加工。

2）切片。

将蓝宝石晶棒切成薄薄的晶片。

3）研磨。

去除切片时造成的晶片切割损伤层及改善晶片的平坦度。

4）倒角。

将晶片边缘修整成圆弧状，改善薄片边缘的机械强度，避免应力集中造成缺陷。

5）抛光。

改善晶片粗糙度，使其表面达到外延片磊晶级的精度。

6）清洗。

清除晶片表面的污染物（如：微尘颗粒、金属、有机沾污物等）。

7）品检。

以高精密检测仪器检验晶片品质（平坦度、表面微尘颗粒等）以合乎客户要求。

至此，LED芯片的衬底晶片就生产完毕了，其产品将用于LED芯片制作的下一个环节——外延片制作中。

二、LED 芯片外延片的制备

由 LED 的工作原理可知，外延材料是 LED 的核心部分，事实上，LED 的波长、亮度、正向电压等主要光电参数基本上取决于外延材料。发光二极管对外延片的技术主要有以下四条：禁带宽度适合；可获得电导率高的 P 型和 N 型材料；可获得完整性好的优质晶体；发光复合概率大。

（一）外延片与芯片市场与技术概况

外延片、芯片等核心器件是 LED 行业中技术层次最高，代表行业发展水平的重要部分，是整个 LED 产业链的上游部分。其制造技术的发展水平直接决定了 LED 行业的产业结构和市场地位，在 LED 产业链各环节的利润分布中约占 70%。

LED 外延、芯片已经形成了以美国、亚洲、欧洲三大区域为主导的三足鼎立的全球市场与产业分工格局，并呈现出以日本、美国、德国为技术代表，中国、韩国紧随其后，马来西亚等电子制造基础良好的国家积极介入这样一个梯次分布状况。在世界主要厂商中，经过技术发展和市场竞争，已形成了各自的产业特色，日本 Nichia 处于技术领先水平，垄断了高端蓝、绿光 LED 的市场；日本 Toyoda Gosei 的蓝绿光 LED 产量最大；美国 Cree 的 SiC 衬底生长的 GaN 外延片和芯片产量最大，而且在紫光外延片和芯片生产技术方面处于国际领先地位；美国 Gelcore 重点发展白光 LED，在 LED 灯具设计方面处于国际领先地位；美国 Lumileds 重点发展大功率白光 LED。

所谓"外延生长"就是在高真空条件下，采用分子束外延（MBE）、液相外延（LPE）、MOCVD 等方法，在晶体衬底上，按照某一特定晶面生长的单晶薄膜的制备过程。半导体外延生长主要采用 MBE 和 MOCVD 工艺，其中 MBE 为较早期采用的工艺方法。目前，世界上生产外延片主要采用 MOCVD 方法，即先把要生长 GaN 的蓝宝石或 SiC 衬底基片加热到合适的温度，再采用气态 GaN 物质有控制地输送到衬底表面，生长出特定的单晶薄膜。因此，MOCVD 设备是关键设备。

目前国际上生产 MOCVD 设备的知名企业主要有两家，即：

德国 Aixtron 公司（已兼并了英国 Thomas Swan 公司），累计销售约 1000 台。

美国 Veeco 公司（已兼并了美国 Emcore 公司），累计销售 400~500 台。

以上的德国 Aixtron 公司占据 60%～70%的国际市场份额,而美国 Veeco 公司占 30%～40%。而被德国并购的英国 Thomas Swan 公司却是全球首先发明 MOCVD 设备的企业。

目前,世界 80%的顶尖 LED 企业基本采用上述这两家企业的 MOCVD 设备,而日本生产的 MOCVD 设备主要限于自用。

总体上,德国 Aixtron 和美国 Emcore 两家供应商的 MOCVD 设备,以 6 片机和 9 片机居多,每台设备的价格在 70～100 万美元。近来有企业引进 19 片和 21 片 MOCVD 机,并已有企业开始装备 Veeco 公司生产的比较先进的 24 片 MOCVD 设备。

2003 年我国正式实施"国家半导体照明工程",并在"十五""十一五"重点攻关课题和 863 计划中,将 MOCVD 设备国产化列入重点支持方向,并取得了初步成效。中电集团公司 48 所成功研发了 GaN 的 MOCVD 设备,填补了国内空白,突破了我国 LED 产业装备的技术瓶颈。同时,中科院半导体所、南昌大学、青岛杰生电气有限公司等也成功研发了研究型的 MOCVD 设备。然而,国产 MOCVD 设备还存在某些问题,如:国外主流商用 MOCVD 机型已建立了严密的专利保护(如关键的反应器等),国内研制面临严峻的专利壁垒;国产设备产业化水平与生产需要不能很好地相适应;批产量低,不能满足企业量产要求;国产设备造价高(1 千万元以上),应用风险大,故国内多数 LED 厂商较为谨慎,致使国产 MOCVD 设备的推广较为被动。

(二) MOCVD 工艺与设备

外延技术与设备是外延片制造技术的关键所在,MOCVD 技术是生长 III-V 族、II-VI 族化合物及合金的薄层单晶的主要方法。II、III 族金属有机化合物通常为甲基或乙基化合物,如:Ga(CH3)3、In(CH3)3、Al(CH3)3、Ga(C2H5)3、Zn(C2H5)3 等,它们大多数是高蒸汽压的液体或固体。用氢气或氮气作为载气,通入液体中携带出蒸汽,与 V 族的氢化物(如 NH3、PH3、AsH3)混合,再通入反应腔,在加热的衬底表面发生反应,外延生长化合物晶体薄膜。

MOCVD 属于化学气相淀积(Chemical Vapor Deposition,CVD)的一种类型,以下首先介绍 CVD 的原理与特点。

1. CVD 的原理与特点

CVD 是反应物以气态到达加热的衬底表面发生化学反应，形成固态薄膜和气态产物的一种薄膜材料生长方法。利用 CVD 技术可以在金属薄膜上制备无机薄膜。

CVD 的种类有很多，主要有：常压 CVD（APCVD）、低压 CVD（LPCVD）、超低压 CVD（VLPCVD）、等离子体增强型 CVD（PECVD）、激光增强型 CVD（LECVD）、金属氧化物 CVD（MOCVD），以及电子自旋共振 CVD（ECRCVD）等方法。按淀积过程中发生化学的种类不同可以分为热解法、氧化法、还原法、水解法、混合反应等。

CVD 制备的薄膜最大的特点是致密性好、高效率、良好的台阶覆盖能力，可以实现厚膜淀积以及具有相对低的成本；缺点是淀积过程中容易对薄膜表面形成污染以及对环境造成污染等。

APCVD 的特点是不需要很好的真空度、淀积速度非常快、反应受温度影响不大，淀积速度主要受反应气体的输运速度的影响。

LPCVD 的特点是其具有良好的扩散性（宏观表现为台阶覆盖能力），反应速度主要受淀积温度的影响比较大，另外温度梯度对淀积的薄膜性能（晶粒大小、应力等）有很大的影响。

PECVD 最大的特点是反应温度低（200~400℃）和良好的台阶覆盖能力，可以应用在 Al 等低熔点金属薄膜上淀积，主要缺点是淀积过程中会引入黏污。另外，温度、射频、压力等都是影响 PECVD 工艺的重要因素。

CVD 外延生长过程可分为以下几个步骤：

1）参加反应的气体混合物被运输到沉积区。

2）反应物分子由主气流扩散到衬底表面。

3）反应物分子吸附在衬底表面上。

4）吸附物分子间或吸附物分子与气体分子间发生化学反应，生成外延成分及反应副产物，外延粒子沿衬底表面迁移并结合进入晶格点阵。

5）反应副产物由衬底表面外扩散到主气流中，然后排出沉积区。

MOCVD 有时也称为金属有机物气相外延生长（Metal Organic Vapor Phase Epitaxy，MOVPE）。它是 1968 年由美国洛克威尔公司的 H. M. Manasevit 等人提出来的一种制备化合物半导体薄层单晶的方法。20 世纪 80 年代以来，得到了迅速的发展，日益显示出在制备薄层异质材料，特别是生长量子阱和超晶格方面的优越性。MOCVD近年来取得的最大进步是运用流体力学的原理实现生长过程中的基片旋转，从而大大改进了生长的均匀性。MOCVD生长所用的源材料均为气体，对于Ⅲ族或Ⅱ族来说，采用它们的金属有机化合物，对于Ⅴ族或Ⅵ族来说，则采用它们的烷类化合物。MOCVD就是以金属有机物（如TMGa、TMAl、TMIn、TEGa等）和烷类（如AsH3、PH3、NH3等）为原料进行化学气相沉积生长单晶薄膜的一种技术，以热分解反应方式在衬底上进行气相外延。金属有机化合物大多是具有高蒸汽压的液体，通过氢气、氮气或者其他惰性气体作为载气，将其携带出与烷类混合，再共同进入反应腔并在高温下发生反应。其技术基础是：在一定温度下，金属有机物和烷类发生热分解，再在一定晶向的衬底表面上吸附、化合、成核、生长。用MOCVD方法研制成功的化合物半导体器件很多，比如：异质结双极晶体管（HBT）、场效应晶体管（FET）、高迁移率晶体管（HEMT）、太阳能电池、光电阴极、发光二极管（LED）、激光器、探测器和光电集成器件等。

MOCVD设备将Ⅱ或Ⅲ族金属有机化合物与Ⅳ或Ⅴ族元素的氢化物相混合后通入反应腔，混合气体流经加热的衬底表面时，在衬底表面发生热分解反应，并外延生长成化合物单晶薄膜。与其他外延生长技术相比，MOCVD技术有如下优点：

1）用于生长化合物半导体材料的各组分和掺杂剂都是以气态的方式通入反应腔，因此，可以通过精确控制气态源的流量和通断时间来控制外延层的组分、掺杂浓度、厚度等。可以用于生长薄层和超薄层材料。

2）反应腔中气体流速较快。因此，在需要改变多元化合物的组分和掺杂浓度时，可以迅速进行改变，降低记忆效应发生的可能性。这有利于获得陡峭的界面，适于进行异质结构和超晶格、量子阱材料的生长。

3）晶体生长是以热解化学反应的方式进行的，是单温区外延生长。只要控制好反应源气流和温度分布的均匀性，就可以保证外延材料的均匀性。因此，适于多片和大片的外延生长，便于工业化大批量生产。

4）通常情况下，晶体生长速率与Ⅲ族源的流量成正比，因此，生长速率调节范围较广。较快的生长速率适用于批量生长。

5）使用较灵活。原则上只要能够选择合适的原材料就可以进行包含该元素的材料的 MOCVD 生长。而可供选择作为反应源的金属有机化合物种类较多，性质也有一定的差别。

6）由于对真空度的要求较低，反应腔的结构较简单。

7）随着检测技术的发展，可以对 MOCVD 的生长过程进行在位监测。

实际上，对于 MOCVD 和 MBE 技术来说，采用它们所制备的外延结构和器件的性能没有很大的差别。MOCVD 技术最吸引人的地方在于它的通用性，只要能够选取到合适的金属有机源就可以进行外延生长。而且只要保证气流和温度的均匀分布就可以获得大面积的均匀材料，适合进行大规模工业化生产。

MOCVD 技术的主要缺点大部分均与其所采用的反应源有关。首先是所采用的金属有机化合物和氢化物源价格较为昂贵，其次是由于部分源易燃易爆或者有毒，因此有一定的危险性，并且，反应后产物需要进行无害化处理，以避免造成环境污染。另外，由于所采用的源中包含其他元素（如 C、H 等），需要对反应过程进行仔细控制以避免引入非故意掺杂的杂质。

2. MOCVD 系统的结构原理

MOCVD 设备系统的外观如图 3.14 所示。

a) Aixtron 2600G3 HT型   b) ASEC-650H型

图 3.14   两种型号的 MOCVD 外观图

MOCVD 设备的工作原理示意图如图 3.15 所示。

MOCVD 设备系统对各个控制参数的精度要求也很高，如升降温时间、温度在腔体内的分布均匀性、MO 源的流量精确控制，因此其构成非常复杂。主要包括以下几个子系统：源供给系统、气体输运系统、反应腔（或称反应室）、加热和冷却系统、整体控制系统。

（1）源供给系统

包括Ⅲ族金属有机化合物、Ⅴ族氢化物及掺杂源的供给。金属有机化合物装

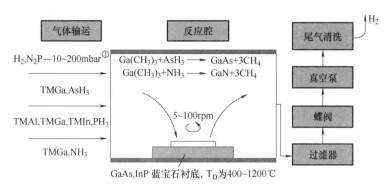

图 3.15 MOCVD 设备的工作原理示意图

① 1mbar＝100Pa。

在特制的不锈钢的鼓泡器中，由通入的高纯 H_2 携带输运到反应腔。为了保证金属有机化合物有恒定的蒸汽压，源瓶置入电子恒温器中，温度控制精度可达 $0.2℃$ 以下。氢化物一般是经高纯 H_2 稀释到浓度为 5%～10% 后，装入钢瓶中，使用时再用高纯 H_2 稀释到所需浓度后，输运到反应腔。掺杂源有两类，一类是金属有机化合物，另一类是氢化物，其输运方法分别与金属有机化合物源和氢化物源的输运相同。

（2）气体输运系统

气体输运系统的作用为向反应腔输送各种反应气体。该系统要能够精确地控制反应气体的浓度、流量、流速以及不同气体送入的时间和前后顺序，从而按设计好的工艺方案生长特定组分和结构的外延层。气体输运系统包括源供给系统、Run/Vent 主管路、吹扫管路、检漏管路和尾气处理系统，如图 3.16 所示。

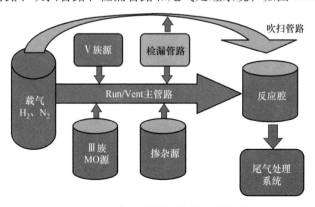

图 3.16 气体输运系统结构示意图

MOCVD 设备的大部分成本集中在气体输运系统，由于使用的载气是超高纯气体，在输送过程中要避免被颗粒污染或出现任何的死区，所以对输送管道、调压阀、气动隔膜阀、切换组合阀、管路 VCR 接头、弯管连接头等的质量和内表面光洁度要求极高，还有很多高精度的集成控制单元，包括压力控制器和质量流量控制器。最终导致该部分成本很高。

该部分的主要作用是将作为载气的 H_2 或 N_2 干燥提纯达到 8N 以上的超高纯气体，并将其输送至金属有机源钢瓶气泡器中，在特定的温度和压力环境下，携带出需要的金属有机源气体，通过质量流量控制器精确控制参与反应的各种源气，并将其输送至反应腔，在高温下参与反应生成最终需要的薄膜。未参与反应的气体、反应副产物、中间反应生成物等作为废气经尾气处理系统逐级吸附、高温裂解后送至洗涤器处理。

基于安全防泄漏考虑，整个气路系统配备了一系列检漏点，用于验收运行前的焊接装配是否合格以及设备运行时的定期维护。同时配备危险气体探测器检测尾气及工作室内的有害气体含量，并把检测器与控制系统相连，成为安全互锁装置的重要组成部分。

（3）反应腔

反应腔是 MOCVD 设备中生长材料的部分，反应腔的设计直接影响到材料生长的优劣，所以反应腔是 MOCVD 的关键部分之一。

反应腔的总体结构可以分为水平式和垂直式两种，大部分的 MOCVD 反应腔都是这两种结构的改进。

水平式反应腔是目前采用最广泛的反应腔结构，在此结构中，反应腔中的衬底放置在水平基座上，反应气体从衬底上横向流过。进气区域的截面形状成锥形，以便从小直径的进气口平稳地向反应区域的较大直径过渡，以保证层流，避免湍流的出现。在较早的反应腔的设计中，通常基座是楔形的，以补偿反应源在衬底表面的消耗对反应的均匀性所造成的影响，现在通常是以衬底的气动旋转来进行的。

水平式反应腔结构简单，但是很难实现薄膜厚度的均匀，通常采用将衬底倾斜一定的角度，这样可以提高薄膜的均匀性。水平式反应腔由于受到均匀性不好的制约，通常只能沉积一片，无法大规模生产，因此只适合研究。为了更好地生长高质量的薄膜，抑制热对流和预反应，人们对水平式反应腔进行了改造，提出了一些新的反应腔结构。典型的是日本日亚公司 Nakamura 提出的双气流反应腔。如图 3.17 所示。

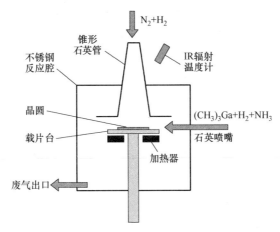

图 3.17　双气流反应腔结构示意图

垂直式反应腔的反应源进气方向与衬底表面垂直，反应源直接覆盖到了整个衬底表面，避免了在水平式反应腔中存在的消耗不均匀问题。在这种反应腔结构中，通常基座采用高速旋转，它的作用类似于泵的作用可以将反应源向下压，通过整个衬底，这对提高生长的均匀性和避免湍流的形成有好处。传统的垂直式反应腔能够沉积高质量的薄膜，但是这种反应腔的效率比较低，通常一次也只能沉积一片晶圆。

为了提高反应腔的生长效率，人们对反应腔的结构做了改进，如 Thomas Swan 的喷淋式和 Aixtron 的行星式，都提高了一次沉积晶圆的数目，极大地提高了生产效率。图 3.18 所示为喷淋式和行星式反应腔结构示意图。

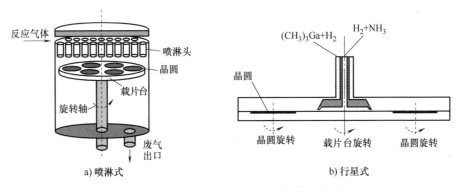

图 3.18　喷淋式和行星式反应腔结构示意图

通过对薄膜外延生长过程的基本原理的分析，反应腔中发生的反应包括反应源气体气相输运、反应物的气相化学反应、反应物吸附在衬底表面、衬底表面的固相化学反应、不稳定反应生成物从衬底释放、反应生成物气相输运排出六个基本过程。其中气相化学反应包括了裂解和形成加合物两个相互竞争的路径。

（4）加热和冷却系统

温度是薄膜生长化学反应正向进行的首要条件之一，由于 MOCVD 设备的薄膜生长温度大都在 $400 \sim 2000℃$，加热和冷却系统在设备中处于非常重要的地位。

1）加热系统。

加热器是 MOCVD 设备的核心部件之一。国外不同的 MOCVD 设备供应商各自的加热器也各有特点。加热系统对反应发生的基底进行加热，提供反应发生所需要的温度，并满足加热均匀、升温降温速度快、温度稳定时间短。在整个生长的过程中，要求其温度波动很小，因为温度条件是反应速率的重要影响因素。许多产家和研究机构都在集中精力设计更为优越的反应腔，为配合反应腔设计，加热器也必须做出相应的更改。在反应腔内反应物分布的均匀条件下，使提膜片厚度均匀的途径之一就是保持基座表面热场均匀。

根据加热原理的不同，加热器分为感应加热和电阻式加热。感应加热温度均匀性好，晶片间温差 $\Delta T = 0.2℃$，加热时间迅速，由 $400℃$ 上升到 $1000℃$ 仅需 $600s$。但其不足之处是装配精度要求较高，片间温度差对角度的变化非常敏感。

电阻式加热又分为电阻丝加热和电阻片加热两种方式，电阻式加热以辐射换热为主，通过多区域加热优化各区的结构实现温度均匀化的配置。在石墨台无旋转条件下片间温度差 $\Delta T = 6℃$，旋转后温度均匀性可提高 20%。其对装配时的角度、距离误差没有感应加热敏感。电阻片加热方式其结构比电阻丝优越，加热更直接，而且加热效率高。在石墨台无旋转条件下片间温度差 $\Delta T = 1℃$。图 3.19 所示为电阻片和加热系统结构图。

2）冷却系统。

MOCVD 设备的水冷却系统主要有五部分，包括：喷淋腔壁的冷却、流道腔壁的冷却、尾气流道的冷却、加热器电极的冷却和腔体中心管的冷却。MOCVD 冷却系统结构图如图 3.20 所示。

（5）整体控制系统

MOCVD 作为复杂的大型综合设备，其控制参数较多，包括如下几个方面：

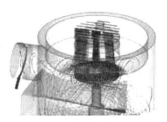

a) 电阻片　　　　　　　　　　b) 加热系统

图 3.19　电阻片和加热系统结构图

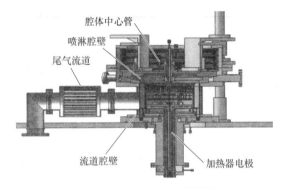

图 3.20　MOCVD 冷却系统结构图

1）温度控制。

衬底温度是外延工艺中最重要的参数之一，温度的快速跟随性、快速升温速率（≥3℃/s）、快速稳定性（≤60s）、控制精度（≤±1℃）及均匀性（≤±1℃）等对外延片的结晶质量、表面形貌、量子阱结构有很大的影响。因此在结构设计中留有接口，定期用红外检测仪对衬底温度进行校准，并将校准后的数据输入真实温度模拟程序中，计算出实际温度值，并由计算机在工艺过程中自动进行修正，以保证温度的均匀性和重复性。加热器用钨丝绕制，采用恒流型控制方式，同时，鉴于钨的电阻温度系数很大，采用温度分区调节加热功率实现对温度的跟踪，并设置有电流过载保护、冷却水流量保护，防止加热器损坏，既可延长加热器的寿命，又可使最快升温速率达到10℃/s。

2）压力控制。

反应腔的压力也是外延工艺的重要参数之一。采用压力全自动闭环控制，宽量程薄膜规用作压力传感器，将反应腔压力信号输入压力控制仪，并与设定值比较后调节蝶阀的开度，从而改变抽气速率对反应腔压力进行闭环自动控制。

3）机片座旋转控制。

在外延生长中，基片座均匀旋转是保证外延片均匀性的最佳手段，转速一般为 5~20r/min，转速也是采用全自动闭环控制。为保证旋转的平稳度，电机旋转惯量的选择最为重要。

4）气流控制。

气体流量采用质量流量计，通过 A/D、D/A 转换电路形成闭环控制，气流通断由低泄漏气动阀门进行。流量控制要求高精度，气流通断要求快速响应，以满足多量子阱和超晶格结构 LED 芯片材料外延生长的要求。

5）安全防护。

安全防护是 CVD 技术永恒的话题。由于 MOCVD 系统中使用 H_2、SiH_4 等危险气体，一旦发生泄漏将会对设备或人员造成威胁。因而在硬件设计时不仅设备漏气率一定要达到要求，而且在电气设计中还要在气源柜和手套箱内进行危险气体检测，并在设计中尽可能采用安全电压，在气源柜、反应腔及手套箱中不得设置开关等带活动触头而在动作时可能引起打火的电器元件。

6）故障报警。

一级报警给出的警告信息定义为"有可能导致火灾、爆炸、中毒等特大事故，造成人身伤害甚至致人死亡。"例如：H_2 泄漏（气源柜、手套箱中探测到 H_2）、反应腔过压、H_2 管道压力低等，在给出警告信息的同时，通过硬件和软件联锁电路自动关闭危险气体管道，然后整个系统用大流量 N_2 冲洗。

二级报警给出的注意信息定义为"有可能造成设备损坏或导致工艺失败"。例如：温度、流量、旋转、压力参数偏差等，给出注意信息并提示故障情况，然后由操作人员处理。

3. 实验型 MOCVD 系统监控程序简介

在当前信息化发达的时代，MOCVD 系统的运作、监控是通过软件控制的，以下简单介绍我国中科院半导体研究所自主研发实验型 MOCVD 的软件操作系统。

（1）系统结构

装有 MOCVD 监控程序的 PC 机通过四个 RS 232 接口分别与 MOCVD 控制器、压差计 PM 2000、压力控制器 651C、温控表 FP 93 相连接进行串口通信。

MOCVD 微机监控系统结构如图 3.21 所示。

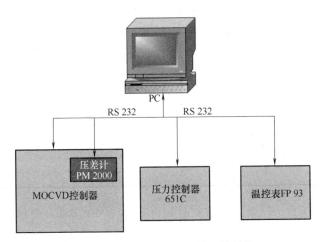

图 3.21　MOCVD 微机监控系统结构

（2）软件运行主界面

MOCVD 监控软件运行主界面如图 3.22 所示。主界面主要包括：菜单栏、工具栏（快捷按钮）、控制面板、气路图控制、表格监控、图线监控、工艺流程、故障告警动作列表、故障告警列表、日志、状态栏。

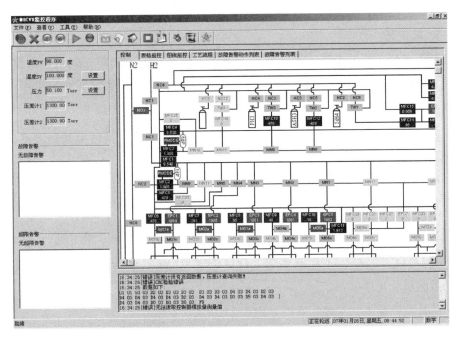

图 3.22　MOCVD 监控软件运行主界面

（3）监控程序的主要功能

MOCVD 监控程序主要完成如下功能：

1）提供控制界面，实时显示 MOCVD 各监控对象的当前状态。

2）可自定义工艺控制流程。

3）支持三种控制模式：直接在主界面的控制图上执行控制，单步执行工艺控制流程，自动执行工艺控制流程。

4）实时故障告警以及编辑告警响应动作。

5）可自定义告警响应动作流程。

6）提供统计分析功能，可查询历史监控记录，制作并打印统计图表。

7）可根据压力、流量、温度和时间自动进行 MO 源消耗量统计。

8）提供日志记录。

三、芯片成型

在利用 MOCVD 完成外延生长之后，LED 芯片制作的第三个环节是芯片成型。芯片成型环节又可分为三个工艺序列，分别为：前工艺、后工艺、点测分选，三个工序的主要任务分别为做电极、薄化和优化晶片结构、成品检测与分类。

1. 前工艺

前工艺的主要工作就是在外延片上做成一颗颗晶粒。利用光刻机、掩膜版、ICP、蒸镀机等设备制作图形，在一个 2in 的晶片上做出几千至上万颗连在一起的晶粒。

前工艺需要在三个不同的车间完成，分别称为黄光室、清洗室和蒸镀室，具体需要用到的仪器设备如下：

1）黄光室：匀胶机、加热板、曝光机、显影台、金相显微镜、甩干机、台阶仪。

2）清洗室：有机清洗台、酸性清洗台、撕金机、扫胶机、甩干机。

3）蒸镀室：ICP、ITO 蒸镀机、合金炉管、Pad 蒸镀机、PECVD、扫胶机、手动点测机、光谱仪。

芯片制作前工艺工序示意图如图 3.23 所示。

前工艺完成后，在一个 2in 的晶片上做出成千上万颗连在一起的晶粒。此时其上的每一颗晶粒已经可以发光。前工艺单颗晶粒成品图与发光效果图如图 3.24 所示。

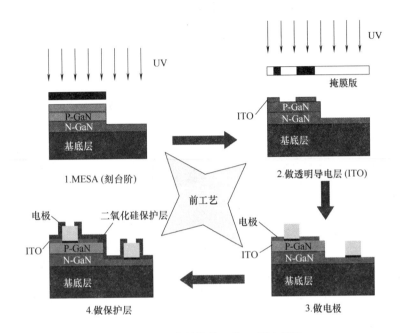

图 3.23　芯片制作前工艺工序示意图

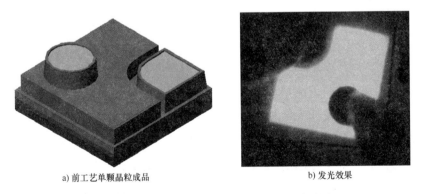

a) 前工艺单颗晶粒成品　　　　　　　　b) 发光效果

图 3.24　前工艺单颗晶粒成品图与发光效果图

前工艺完成后，要进行一次晶片性能检测，称为制程质量控制（In-Process Quality Control）。IPQC 主要是对芯片的电性参数做检测，然后根据电性参数来判定晶片是继续进行下道工序还是需要返工，检测的电性参数主要有：V_f（正向电压）、I_v（亮度）、W_d（波长）、I_r（逆向电流）、ESD（抗静电能力）等。

2. 后工艺

后工艺是将前工艺做成的含有数目众多管芯的晶片减薄，然后用激光切割成一颗颗独立的管芯。后工艺要用到的设备如下：上蜡机、研磨机、抛光机、清洗台、黏片机、切割机、裂片机等。

LED 芯片成型后工艺工序图如图 3.25 所示。

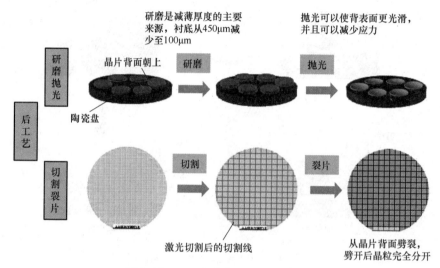

图 3.25 LED 芯片成型后工艺工序图

3. 点测分选

点测分选的主要工作如下：

1）点测大圆片或方片上每一颗晶粒的电性和光学性能。

2）将大圆片按照条件表分成规格一致的方片。

3）吸除外观不良部分，并贴上标签。

点测分选采用的设备主要有点测机、分选机、显微镜等。

具体过程如下：制造成芯片后，在晶片上的不同位置抽取九个点做参数测试，如图 3.26 所示。

测试内容主要是对电压、波长、亮度进行测试，能符合正常出货标准参数的晶片再继续做下一步的操作，如果通过这九个点测试不符合相关要求的晶片，就放在一边另外处理。

测试步骤首先是全品目检：晶圆切割成芯片后，做 100% 的目检，操作者要使用放大倍数为 30 的显微镜对所有的产品进行目检。

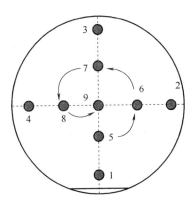

图 3.26　LED 晶片抽点测试

目检之后，接着使用全自动分类机根据不同的电压、波长、亮度的预测参数对芯片进行全自动化挑选、测试和分类。

最后对 LED 芯片进行检查和贴标签。芯片区域要在蓝膜的中心，每张蓝膜上最多有 5000 粒芯片，最少不得少于 1000 粒，芯片类型、批号、数量和光电测量统计数据记录在标签上，附在蜡光纸的背面。蓝膜上的芯片将做最后的目检测试并与第一次目检标准相同，确保芯片排列整齐和质量合格。这样就制成了 LED 芯片（通常称为方片）。

方片就是芯片环节的最终产品了，将提供给下一个生产环节即封装环节作为原材料之一而使用。

LED 芯片制作过程中，把一些有缺陷的或者电极有磨损的芯片分拣出来，称为散晶，此时在蓝膜上有一些不符合正常出货要求的晶片，也就自然成了边片或毛片等。

而在晶片上的不同位置抽取九个点做参数测试，对于不符合相关要求的晶片是不能直接用来做 LED 方片的，也就不做任何分拣而直接卖给客户了，也就是目前市场上的 LED 大圆片，大圆片里好的局部也可由客户自己切成方片而使用。

至此，LED 芯片即可生产完成，其包装出货图如图 3.27 所示。

a) 方片

b) 大圆片

图 3.27　LED 芯片产品包装出货图

习题与思考

1. LED 产业链分为哪些环节？LED 的相关行业有哪些？

2. LED 芯片由哪几部分构成？

3. 简述 LED 芯片制造的步骤，并指出各环节所用的主要仪器设备。

4. SMD 封装对 PCB 线路设计的要求是怎样的？

5. LED 正向电压测量的目的、测试框图及步骤是怎样的？

6. 影响白光 LED 寿命的因素有哪些？

7. 产生 LED 结温的原因有哪些？

8. 计算和测量热阻的意义是什么？

项目四　LED 封装技术

学习目标与任务导入

　　LED 封装是将 LED 芯片黏贴固定在支架上，并将其 PN 电极分别和支架的正负极通过用金线焊接或其他方式连接起来，最后通过封胶保证其内部结构的稳固性而形成 LED 灯珠成品的过程，对于采用荧光粉机理的白光 LED，封装过程中还必须包含配点荧光粉的过程。

　　封装属于 LED 产业链的中游，是一个工艺过程相对独立、岗位操作要求相对明确化的生产过程，要求生产和技术人员在具备行业基本常识的基础上，掌握自动固晶机、自动焊线机、点胶机以及自动分光机、自动编带机等几种典型的封装设备的操作、调试和维护的岗位技能。这与上游的 LED 芯片制备领域的企业类似，差别是芯片制备的仪器设备相对更加高级和专门化。而下游的 LED 应用技术企业则更加强调员工的光机电技术的综合性和解决问题的个性化能力。

　　项目四将介绍 LED 封装的基本常识，包括分类与工艺流程、原物料知识与产品命名、生产流程单的识读等，还将介绍 LED 封装整个工序环节中都必须重视的防静电问题。以后各项目将对封装过程的各个岗位的操作任务做一个较为深入的解析。

任务一　认识 LED 封装的分类及工艺流程

一、LED 封装的必要性及其分类

LED 芯片只是一块很小的固体，它的两个电极要在显微镜下才能看见，加入

103

电流之后它才会发光。在制作工艺上，除了要对 LED 芯片的两个电极进行焊接，从而引出正极、负极之外，同时还需要对 LED 芯片和两个电极进行保护，这就需要对 LED 进行封装。

研发低热阻、优异光学特性、高可靠的封装技术是新型 LED 走向实用、走向市场的产业化必经之路。LED 技术大都是在半导体分离器件封装技术的基础上发展与演变而来的。将普通二极管的管芯密封在封装体内，可以保护芯片和完成电气互连。对 LED 的封装要求则是：实现输入电信号、保护芯片正常工作、输出可见光的功能，其中既有电参数又有光参数的设计及技术要求。LED 封装与普通的二极管封装相比，光参数要求是其需要格外强调的地方，也只有这样才能使 LED 的光品质更加优良。这是封装的扩展功能。

LED 中，pn 结区发出的光子是非定向的，即向各个方向发射有相同的概率，因此并不是芯片产生的所有光都可以发射出来。能发射多少光，取决于半导体材料的质量、芯片结构、几何形状、封装内部材料与包装材料。因此，对于 LED 封装，要根据 LED 芯片的大小、功率大小来选择合适的封装方式。

LED 的封装方式有引脚式封装、平面式封装、表贴式封装、食人鱼封装、功率型封装，具体如下所述。

1. 引脚式封装

引脚式封装是制造直插式 LED 灯珠的封装过程，其采用引线架作为各种封装外型的引脚，常见的是直径为 5mm 的圆柱型（简称 φ5mm）封装。

其工艺过程简述如下：将边长为 0.25mm 的正方形管芯黏结或烧结在引线架上（一般称为支架）；芯片的正极用金属丝键合连到另一引线架上；负极用银浆黏结在支架反射杯内或用金丝和反射杯引脚相连；然后顶部用环氧树脂包封，做成直径为 5mm 的圆形。

其中反射杯的作用是收集管芯侧面、界面发出的光，并向期望的方向角内发射，即完成以上所述的与普通二极管相区别的光参数设计和实现。

顶部包封的环氧树脂做成一定的形状，有这样几种作用：保护管芯等不受外界侵蚀；采用不同的形状和材料性质（掺或不掺散色剂）起透镜或漫射透镜功能，以控制光的发散角。

2. 平面式封装

平面式封装 LED 器件是由多个 LED 芯片组合而成的结构型器件。通过 LED

的适当连接（包括串联和并联）和合适的光学结构，可构成发光显示器的发光段和发光点，然后由这些发光段和发光点组成各种发光显示器，如数码管、"米"字管、矩阵管等。

平面式封装指的是制作 LED 数码管或点阵的过程。

3. 表贴式封装

表贴式封装也称为贴片式封装、SMD 或 SMT 封装，这是制作表贴式 LED 灯珠的过程。

表面贴片 LED（SMD）是一种新型的表贴式半导体发光器件，具有体积小、散射角大、发光均匀性好、可靠性高等优点。其发光颜色可以是白光在内的各种颜色，可以满足表面贴装结构的各种电子产品的需要，特别是手机、笔记本计算机。

4. 食人鱼封装

显然，食人鱼封装就是制作食人鱼 LED 的过程。

食人鱼 LED 产品有很多优点，由于食人鱼 LED 所用的支架是铜制的，面积较大，因此传热和散热较快。LED 点亮后，pn 结产生的热量很快就可以由支架的四个支脚导出到 PCB 的铜带上。食人鱼 LED 比 $\phi3mm$、$\phi5mm$ 引脚式的管子传热快，从而可以延长器件的使用寿命。一般情况下，食人鱼 LED 的热阻会比 $\phi3mm$、$\phi5mm$ 管子的热阻小一半，所以很受用户的欢迎。

5. 功率型封装

以上所述的均是小功率的 LED 封装类型，近年来，随着大功率 LED 的应用场合不断拓展，许多大功率 LED 封装企业也应运而生。由于普通照明将是 LED 发展的下一个重要领域，因此，大功率 LED 是未来半导体照明的核心。大功率 LED 的特点是：大的耗散功率、大的发热量、较高的出光效率、长寿命。因此，大功率 LED 的封装过程需要实现以上特点。大功率 LED 的封装也称为功率型封装。

二、LED 封装工艺流程

LED 的封装过程主要包括固晶、焊线、配粉（对白光 LED）、封胶、分光与测试等各个主要工序。针对以上所述的不同类型的 LED 产品的封装方式，封装过程的工艺与设备也会相应地有小的调整，但主要岗位的技术和工艺要求是大致相通的，单个灯珠的 LED 封装工艺流程及要点介绍如下。

（1）芯片检验

芯片检验主要是用显微镜观察芯片的外观，检验其材料表面是否有机械损伤及麻点麻坑，检验芯片尺寸及电极大小是否符合工艺要求，电极图案是否完整等。

（2）扩晶

由于 LED 芯片在划片后依然排列紧密间距很小（约 0.3mm），因此不利于后工序的操作。所以，首先必须对黏结芯片的膜进行扩张，将 LED 芯片的间距拉伸到约 0.6mm。扩晶一般采用扩片机进行半自动的扩片，也可以采用手工扩张，但很容易造成芯片掉落浪费等不良问题。

（3）点（固晶）胶

在 LED 支架的相应位置点上银胶或绝缘胶，其中，对于 GaAs、SiC 导电衬底，具有背面电极的红光、黄光、黄绿芯片，采用银胶；对于蓝宝石绝缘衬底的蓝光、绿光 LED 芯片，采用绝缘胶来固定芯片。

评估一款银胶的好坏主要有三点：黏稠度、热量传导率、固化条件。点胶的工艺难点在于点胶量的控制，在胶体高度、点胶位置均有详细的工艺要求。由于银胶和绝缘胶在贮存和使用方面均有严格的要求，因此银胶的解冻、搅拌、使用时间都是工艺上必须注意的事项。

（4）备（固晶）胶

和点胶相反，备胶是用备胶机先把银胶涂在 LED 芯片背面电极上，然后把背部带银胶的 LED 芯片安装在支架上，备胶的效率远高于点胶，但不是所有产品均适用备胶工艺（一般应用于做数码管封装）。

（5）手工刺片（手动固晶）

将扩张后的 LED 芯片（备胶或未备胶）安置在刺片台的夹具上，LED 支架放在夹具底下，在显微镜下用针将 LED 芯片一个一个地刺到相应的位置上。手工刺片和自动装架相比有一个好处，即便于随时更换不同的芯片，适用于需要安装多种芯片的产品。

以上所述的点胶和备胶两种操作也通常是针对手动固晶而言的。

（6）自动装架（自动固晶）

自动固晶是目前 LED 封装企业批量生产的主要固晶方式。

自动装架其实是结合了黏胶（点胶）和安装芯片两大步骤，先在 LED 支架上点上银胶（绝缘胶），然后用真空吸嘴将 LED 芯片吸起移动位置，再安置在相应的支架位置上。自动装架在工艺上主要是需要熟悉设备操作编程，同时对设备的黏胶及安装精度进行调整。在吸嘴的选用上尽量选用胶木吸嘴，防止对 LED 芯片表面的损伤，特别是兰、绿色芯片必须用胶木的，因为钢嘴会划伤芯片表面的电流扩散层。

（7）烧结（烘烤）

烧结的目的是使银胶固化，烧结要求对温度进行监控，防止批次性不良。银胶烧结的温度一般控制在 150℃，烧结时间为 1.5h，根据实际情况可以调整到 170℃，1h，绝缘胶一般为 150℃，1h。

银胶烧结烘箱必须按工艺要求每隔 2h（或 1h）打开更换烧结的产品，中间不得随意打开。烘箱不得再用作其他用途，以防止污染。

（8）压焊（自动或手动焊线）

压焊的目的是将电极引到 LED 芯片上，完成产品内外引线的连接工作。

LED 的压焊工艺主要是金丝球焊，还可采用铝丝压焊。先在 LED 芯片电极上压上第一点，再将铝丝拉到相应的支架上方，压上第二点后扯断铝丝。金丝球焊过程则在压第一点前先烧个球，其余过程类似。

压焊是 LED 封装技术中的关键环节，工艺上主要需要监控的是压焊金丝拱丝形状（弧形），第一、二焊点形状大小都有规定，金线拉力，大功率金线一般用 1.2mil 直径。

（9）点胶封装

LED 的封装主要有点荧光粉胶、灌封、模压三种。基本上工艺控制的难点是气泡、多胶、少胶、黑点，设计上主要是对材料的选型，选用结合良好的胶水和支架，SMD-LED 和芯片模组 LED 适用点胶封装。手动点胶封装对操作水平要求很高（特别是白光 LED），主要难点是对点胶量的控制，因为胶水在使用过程中会变稠。白光 LED 的点胶还存在荧光粉沉淀导致出光色差的问题。

（10）灌胶封装

Lamp-LED、大功率 LED 的封装采用灌胶的形式。灌胶封装的过程是先在 LED 成型模腔内注入液态胶体，然后插入压焊好的 LED 支架，放入烘箱让其固化后，将 LED 从模腔中脱出即成型。

（11）模压封装

将压焊好的 LED 支架放入模具中，将上下两副模具用液压机合模并抽真空，将固态环氧放入注胶道的入口加热，并用液压顶杆压入模具胶道中，环氧顺着胶道进入各个 LED 成型槽中并固化。

（12）短烤、长烤

短烤是指封装胶水的初步固化，透镜封装一般固化条件为 100℃，30min，模压封装一般固化条件为 150℃，40min。

长烤是为了让胶体充分固化，同时对 LED 进行热老化。常烤对于提高硅胶与支架（PCB）的黏接强度非常重要。一般条件为 150℃，4h。

（13）切筋、切脚和划片

由于 LED 在生产中是连在一起的（不是单个），直插式 LED 需要采用切筋工序来切断 LED 支架的连筋。此外，还需要将灯珠正负极的两个引脚切成正极长、负极短的状态以示区分，这称之为切脚，负、正引脚的切脚分别称为"半切、全切"或"一切、二切"。

SMD-LED 或大功率 LED 则通常是多个支架连在一片 PCB 上的，需要划片机或拨料机来完成分离工作。

（14）分光、测试与包装

测试 LED 的光电参数、检验外形尺寸，同时根据客户要求对 LED 产品进行分选。目前，批量生产一般在自动分光机上进行。其后，对于不同类型的 LED 成品，采用不同的设备或容器进行包装以出厂或入库。

对于小功率 SMD 产品，通常还需要采用编带这种包装方式，这是在自动编带机上进行的。

封装是 LED 产业链的中游环节，国内在 LED 封装环节上的实力比较雄厚，有许多各种规模的 LED 封装企业。封装是 LED 行业在国内的主要领域之一。

三、LED 封装技术的发展

1. 灯具的高品质对 LED 封装的要求

与传统照明灯具相比，LED 灯具不需要使用滤光镜或滤光片来产生有色光，不但效率高、光色纯，而且可以实现动态或渐变的色彩变化，在改变色温的同时保持高的显色指数，满足不同的应用需要。为了使 LED 能够达到理论上的各种高品质特性，对 LED 的封装技术也提出了新的要求，具体体现在以下几点。

（1）模块化

通过多个 LED 灯（或模块）的相互连接可实现良好的流明输出叠加，满足高亮度照明的要求。通过模块化技术，可以将多个点光源或 LED 模块按照随意的形状进行组合，满足不同领域的照明要求。

（2）系统效率最大化

为提高 LED 灯具的出光效率，除了需要合适的 LED 电源外，还必须采用高效的散热结构和工艺，以及优化内/外光学设计，以提高整个系统效率。

（3）低成本

LED 灯具要走向市场，就必须在成本上具备竞争优势（主要指初期安装成本），而封装在整个 LED 灯具生产成本中占了很大部分，因此，采用新型封装结构和技术，提高光效/成本比，是实现 LED 灯具商品化的关键。

（4）易于替换和维护

由于 LED 光源寿命长、维护成本低，因此对 LED 灯具的封装可靠性提出了较高的要求。要求 LED 灯具设计易于改进以适应未来效率更高的 LED 芯片封装要求，并且要求 LED 芯片的互换性要好，以便于灯具厂商自己选择采用何种芯片。

2. LED 封装的新技术

LED 封装是一个涉及多学科（如光学、热学、机械、电学、力学、材料、半导体等）的研究课题。从某种角度而言，LED 封装不仅是一门制造技术，而且也是一门基础科学，良好的封装需要对热学、光学、材料和工艺力学等物理本质的理解和应用。LED 封装设计应与芯片设计同时进行，并且需要对光、热、电、结构等性能统一考虑。在封装过程中，虽然材料（如散热基板、荧光粉、灌封胶）的选择很重要，但封装结构（如热学界面、光学界面）对 LED 光效和可靠性的影响也很大，大功率白光 LED 封装必须采用新材料、新工艺、新思路。对于 LED 灯具而言，更是需要将光源、散热、供电和灯具等集成考虑。

为了达到以上要求，LED 封装技术也在经历了前述的各种单个灯珠封装方式的不断优化或性能针对性提升之后，进入了一个更加高层次的技术平台，这个平台以提高 LED 最终产品性能为目标，逐渐将 LED 技术各环节进行合理的融合，在此情形下出现的新的封装技术简介如下。

（1）板上芯片直装（Chip On Board，COB）式 LED 封装

COB 是一种通过黏胶剂或焊料将 LED 芯片直接黏贴到 PCB 上，再通过引线键合实现芯片与 PCB 间电互连的封装技术。PCB 可以是低成本的 FR-4 材料（玻璃纤维增强的环氧树脂），也可以是高热导的金属基或陶瓷基复合材料（如铝基板或覆铜陶瓷基板等）。而引线键合可采用高温下的热超声键合（金丝球焊）和常温下的超声波键合（铝劈刀焊接）。COB 技术主要用于大功率多芯片阵列的 LED 封装，同 SMT 相比，不仅大大提高了封装功率密度，而且降低了封装热阻（一般为 6~12W/m·K）。

（2）系统封装（System in Package，SiP）式 LED 封装

SiP 是近几年来为适应整机的便携式发展和系统小型化的要求，在系统芯片（System on Chip，SoC）基础上发展起来的一种新型封装集成方式。对 SiP-LED 而言，不仅可以在一个封装内组装多个发光芯片，还可以将各种不同类型的器件（如电源、控制电路、光学微结构、传感器等）集成在一起，构建成一个更为复杂的、完整的系统。同其他封装结构相比，SiP 具有工艺兼容性好（可利用已有的电子封装材料和工艺）、集成度高、成本低，可提供更多新功能，易于分块测试，开发周期短等优点。按照技术类型的不同，SiP 可分为四种：芯片层叠型、模组型、MCM 型和三维（3D）封装型。

目前，高亮度 LED 器件要代替白炽灯以及高压汞灯，就必须提高总的光通量，或者说可以利用的光通量。而光通量的增加可以通过提高集成度、加大电流密度、使用大尺寸芯片等措施来实现。而这些都会增加 LED 的功率密度，如散热不良，将导致 LED 芯片的结温升高，从而直接影响 LED 器件的性能（如发光效率降低、出射光发生红移、寿命降低等）。多芯片阵列封装是目前获得高光通量的一个最可行的方案，但是 LED 阵列封装的密度受限于价格、可用的空间、电气连接，特别是散热等问题。由于发光芯片的高密度集成，散热基板上的温度很高，必须采用有效的热沉结构和合适的封装工艺。常用的热沉结构分为被动和主动散热。被动散热一般选用具有高肋化系数的翅片，通过翅片和空气间的自然对流将热量耗散到环境中。该方案结构简单、可靠性高，但由于自然对流换热系数较低，只适合于功率密度较低、集成度不高的情况。对于大功率 LED 封装，则必须采用主动散热，如翅片+风扇、热管、液体强迫对流、微通道制冷、相变制冷等。

在系统集成方面，台湾新强光电公司采用 SiP 技术，并通过翅片+热管的方式搭配高效能散热模块，研制出了 72W、80W 的高亮度白光 LED 光源，72W 高亮度 LED 封装模块如图 4.1a 所示。由于封装热阻较低，当环境温度为 25℃时，LED 结温控制在 60℃以下，从而确保了 LED 的使用寿命和良好的发光性能。而华中科技大学则采用 COB 封装和微喷主动散热技术，封装出了 220W 和 1500W 的超大功率 LED 白光光源，220W 超大功率 LED 照明模块如图 4.1b 所示。

a) 72W高亮度LED封装模块　　　　b) 220W 超大功率LED照明模块

图 4.1　高亮度和超大功率 LED 照明模块

（3）封装大生产技术

晶片键合技术是指芯片结构和电路的制作、封装都在晶片上进行，封装完成后再进行切割，形成单个的芯片；与之相对应的芯片键合是指芯片结构和电路在晶片上完成后，即进行切割形成芯片，然后对单个芯片进行封装（类似现在的 LED 封装工艺），如图 4.2 所示。很明显，晶片键合封装的效率和质量更高。由于封装费用在 LED 器件制造成本中占了很大比例，因此，改变现有的 LED 封装形式（从芯片键合到晶片键合），将大大降低封装制造成本。此外，晶片键合封装还可以提高 LED 器件生产的洁净度，防止键合前的划片、分片工艺对器件结

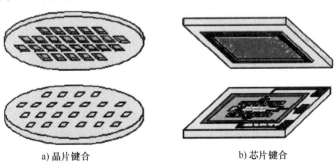

a) 晶片键合　　　　　　　　　　　b) 芯片键合

图 4.2　晶片键合和芯片键合封装示意图

构的破坏，提高封装成品率和可靠性，因而是一种降低封装成本的有效手段。

此外，对于大功率 LED 封装，必须在芯片设计和封装设计过程中，尽可能采用工艺较少的封装形式，同时简化封装结构，尽可能减少热学和光学界面数，以降低封装热阻，提高出光效率。

任务二　认识 LED 封装原材料及识读工艺流程单

本小节主要介绍 LED 封装的原材料的认识以及 LED 封装企业工艺流程单的识读，这是 LED 封装各岗位工作人员必备的知识。

一、LED 封装中的芯片和支架介绍

LED 的原材料包括芯片、支架、金线、银胶、硅胶、透镜等，本小节主要介绍芯片和支架这两种跨越 LED 封装整个工序过程的主要原材料，其余的原材料在以下各章的相关工序中介绍。

（一）LED 芯片厂商与型号

LED 芯片的原理、结构与制造工艺前面已做了介绍，本小节主要介绍 LED 芯片厂商及型号的基本知识。

1. 国外 LED 芯片厂商

国外 LED 芯片厂商有 CREE、惠普（HP，即安捷伦）、日亚化学（Nichia）、丰田合成、大洋日酸、东芝半导体、昭和电工（SDK）、Lumileds、旭明（Smileds）、Genelite、欧司朗（Osram）、GeLcore、首尔半导体、普瑞、韩国安萤（Epivalley）等。其中最著名的是以下厂商。

（1）CREE

CREE 是美国著名的 LED 芯片制造商，其产品以 SiC、GaN、Si 及相关的化合物为基础，包括蓝、绿、紫外发光二极管（LED），近紫外激光，射频（RF）和微波器件，以及功率开关器件和适用于生产及科研的 SiC 外延片。

（2）Osram

Osram 是世界第二大光电半导体制造商，产品有照明、传感器和影像处理器。公司总部位于德国，研发和制造基地在马来西亚。Osram 最出名的产品是 LED，长度仅几毫米，有多种颜色，功耗低，寿命长。

（3）Nichia

Nichia 是日本著名的 LED 芯片制造商，成立于 1956 年，开发出世界第一颗蓝色 LED（1993 年），以及世界第一颗纯绿 LED（1995 年），并在世界各地建有子公司。

（4）丰田合成

丰田合成的总部位于日本爱知，生产汽车部件和 LED，LED 约占收入的 10%。丰田合成与东芝所共同开发的白光 LED，是采用紫外光 LED 与荧光体组合的方式，与一般蓝光 LED 与荧光体组合的方式不同。

（5）安捷伦

安捷伦作为世界领先的 LED 供应商，其主要为汽车、电子信息板及交通信号灯、工业设备、蜂窝电话及消费产品等为数众多的产品提供高效、可靠的光源。这些元件的高可靠性通常可保证在设备使用寿命期间不用再更换光源。安捷伦低成本的点阵 LED 显示器、品种繁多的七段码显示器及安捷伦 LED 光条系列产品都有多种封装及颜色供选择。

（6）东芝半导体

东芝半导体是汽车用 LED 的主要供货商，特别是仪表盘背光、车子电台、导航系统、气候控制等单元。使用的技术是 InGaAlP，波长为 560～630nm。近期，东芝半导体开发了新技术 UV+phosphor（紫外+荧光），LED 芯片可发出紫外线，激发荧光粉后组合发出各种光，如白光、粉红光、青绿光等。

（7）Lumileds

Lumileds 是全球大功率 LED 和固体照明的领导厂商，其产品广泛用于照明、电视、交通信号和通用照明，Luxeon Power Light Sources 是其专利产品，结合了传统灯具和 LED 的小尺寸、长寿命的特点。还提供各种 LED 晶片和 LED 封装，有红、绿、蓝、琥珀、白等 LED。Lumileds 的总部在美国，工厂位于荷兰、日本、马来西亚，由安捷伦和飞利浦合资组建于 1999 年，2005 年飞利浦完全收购了该公司。

（8）首尔半导体

首尔半导体是韩国最大的 LED 环保照明技术生产商，并且是全球八大生产商之一。首尔半导体的主要业务为生产全线 LED 组装及定制模组产品，包括采用交流电驱动的半导体光源产品如：Acriche、侧光 LED、顶光 LED、切片 LED、插件 LED 及食人鱼（超强光）LED 等。产品已广泛应用于一般照明、显示屏照明、移动电话背光源、电视、手提计算机、汽车照明、家居用品及交通信号等。

2. 我国 LED 芯片厂商

（1）我国台湾地区 LED 芯片厂商

晶元光电（Epistar，简称 ES），广镓光电（Huga），新世纪（Genesis Photonics），华上（Arima Optoelectronics，简称 AOC），泰谷光电（Tekcore），奇力，钜新，光宏，晶发，视创，洲磊，联胜（HPO），汉光（HL），光磊（ED），鼎元（Tyntek，简称 TK），曜富洲技 TC，灿圆（Formosa Epitaxy），国通，联鼎，全新光电（VPEC），华兴（Ledtech Electronics），东贝（Unity Opto Technology），光鼎（Para Light Electronics），亿光（Everlight Electronics），佰鸿（Bright LED Electronics），今台（Kingbright），菱生精密（Lingsen Precision Industries），立基（Ligitek Electronics），光宝（Lite-On Technology），宏齐（HARVATEK）等。

（2）我国大陆地区 LED 芯片厂商

三安光电（S）、上海蓝光（Epilight，简称 E）、士兰明芯（SL）、大连路美（LM）、迪源光电、华灿光电、南昌欣磊、上海金桥大晨、河北立德、河北汇能、深圳奥伦德、深圳世纪晶源、广州普光、扬州华夏集成、甘肃新天电公司、东莞福地电子材料、清芯光电、晶能光电、中微光电子、乾照光电、晶达光电、深圳方大、山东华光、上海蓝宝等。

3. 芯片型号与特性示例

了解芯片型号与特性是 LED 封装岗位的基本要求，由于 LED 芯片的命名规则因厂商不同而有所不同，并未形成完全统一的规则。接下来以华新丽华股份有限公司的 LED 芯片产品标签为例，说明其特性，如图 4.3 所示。

图 4.3 的左上角是产品的商标、型号和条码等信息，右边中部的 RoHS 是由欧盟立法制定的一项强制性标准，它的全称是《关于限制在电子电器设备中使用某些有害成分的指令》（Restriction of Hazardous Substances）。该标准已于 2006 年 7 月 1 日开始正式实施，主要用于规范电子电气产品的材料及工艺标准，使之更加有利于人体健康及环境保护。

标签的下半部分标明了该 LED 芯片的特性参数，分别为功率、正向压降以及主波长的出厂测试参数，分别列出了测试的最小值、平均值、最大值以及标准差，从中可见该芯片是采用 350mA 恒流驱动的大功率蓝光芯片。

图 4.3 华新丽华股份有限公司的 LED 芯片产品标签

（二）LED 支架简介

（1）LED 支架的作用及构成

1）支架的作用：用来导电和支撑。

2）支架的构成：支架由支架素材经过电镀而形成，从里到外由素材、铜、镍、铜、银这五层所组成。直插式支架一般为铜材镀银，贴片式，大功率支架一般采用铜材镀银结构加塑胶反射杯，铜材起连接电路、反射、焊接等作用，塑胶主要起反射、提供与胶水结合的界面等作用。在支架的众多因素中，除冲压件的设计和性质外，白色高温塑胶料是影响 LED 质量和稳定性的一个重要因素。用于 SMD 支架的塑胶料主要是白色 PPA 材料（中文名为聚对苯二酰对苯二胺，半结晶性材料，其为一种芳香族的高温尼龙，但吸水较普通尼龙小得多，而这对 LED 来讲相对比较重要，对长期信耐度有影响，而且 PPA 粒子不同牌号之间，其信耐度、初始亮度、应用、耐黄变等也各有不同，不同厂家的同种材质有时候也会有所差别），其具有耐高温焊接，高反射，与硅胶的结合性好，长期性耐度也不错的特点。大功率支架一般是塑胶反射杯+铆钉散热结构。

（2）支架的种类

LED 支架一般有直插式 LED 支架、食人鱼 LED 支架、贴片式 LED 支架和大功率 LED 支架。从光学结构上可分为带杯支架和平头支架，分别适合于封装小角度聚光型和大角度散光型 LED。

直插式支架的分类如下：

1）2002 杯/平头：此种支架一般用来做对角度、亮度要求不是很高的材料，其引脚长比其他支架要短 10mm 左右。引脚间距为 2.28mm。

2）2003 杯/平头：一般用来做 φ5 以上的灯珠，外露两只引脚长分别为 29mm、27mm。引脚间距为 2.54mm。

3）2004 杯/平头：用来做 φ3 左右的灯珠。引脚长及间距同 2003 支架。

4）2004LD/DD：用来做蓝、白、纯绿、紫色的灯珠，可焊双线，杯较深。

5）2006：两极均为平头型，用来做闪烁灯珠，固 IC，焊多条线。

6）2009：用来做双色的灯珠，杯内可固两颗晶片，三只引脚控制极性。

7）2009-8/3009：用来做三色的灯珠，杯内可固三颗晶片，四只引脚。

8）724-B/724-C：用来做食人鱼的支架。

贴片式支架可分为顶部发光、侧发光两种，而且大功率 LED 的支架也是采用贴片式的结构，目前，LED 贴片式支架的常用规格如下：

1）顶部发光：3528、5050、3020、3014。

2）侧发光：335、008、020、010。

3）大功率：TO220 LUXEON 1-7W。

由于各自规格没有统一化，所以还有很多特殊的规格。

（3）支架品牌举例

目前，在国内做支架最专业、最具规模性的 LED 大功率支架厂商在广东省东莞市，东莞也是国内 LED 支架行业发源地，其最具规模性，性价比最高。品质最稳定的支架厂商有亿润、鑫亮光电、宏磊达等。亿润和宏磊达的产品都非常杂，鑫亮光电是专业研发生产 LED 大功率支架的，其产品齐全。

二、LED 封装企业生产流程单简介

生产流程单的识读是 LED 封装岗位任务的基本要求。其内容包括各种原物料特性的了解型号的认知、所在企业的产品命名规则等相关知识。根据企业规模、管理方式的不同，可能会有一定的差别：规模较大、管理规范的企业可能采用电子下单的方式，普通的企业一般采用纸质的流程单，接下来以某 LED 封装企业的产品命名规则和纸质生产流程单为例进行介绍。

1. LED 灯珠产品命名规则

某公司生产的大功率 LED 灯珠产品命名规则示例见表 4.1，其中有些参数是

行业通用的，有些是企业自己确定的。

表 4.1　大功率 LED 灯珠产品命名规则示例

制订部门	工程部	公司名称	中山市××科技 有限公司	核准	×××
文件编号	GX-PE-001			审查	×××
版本/版次	A/1	文件标题	大功率产品命名法则	制定	×××
文件页码	1/2			制定日期	年　月　日

　1. 目的：确保公司大功率成品编码有据可依

　2. 范围：本公司大功率成品均适用

　3. 权责

　　1）工程部负责产品命名方法之制定。

　　2）各部门依产品命名方法之规定执行运作。

　4. 内容

（1）大功率成品品名内容

　1）GX 代表正常成品，00 代表其他。

　2）功率：

　　A 代表 0.5~1W，B 代表 1W，C 代表 3W，D 代表 5W，E 代表 10W，

　　F 代表 20W，G 代表 30W，H 代表 40W，I 代表 50W，J 代表 80W，K 代表 100W，Z 代表 60W。

　3）代表发光颜色及等级（芯片等级请参考芯片命名）：

　　R：代表红光芯片，

　　G：代表绿光芯片，

　　Y：代表黄光芯片，

　　B：代表蓝光芯片，

　　W：代表白光，

　　W6：代表冷白光（>5000K 色温），

　　W3：代表暖白光（<5000K 色温），

　　Q：代表紫光芯片，

　　F：代表发射管，

　　P：代表接收管。

　4）胶体外观颜色：

　　H：代表加荧光粉胶体，

　　C：代表不加荧光粉。

　5）支架代码：

　　Z：代表 1W 大功率支架（配 PC 透镜），

　　B：代表 1W 过回流支架（配玻璃透镜），

　　C：代表 1W 大功率支架（模顶），

　　0：代表无透镜，

　　Q：代表集成支架。

（续）

6）产品发光角度

1 代表 60°，2 代表 100°，

3 代表 120°，4 代表 140°，5 代表 150°。

7）组装基板：

Y：代表加铝基板，

N：代表不加铝基板。

8）流水码：

第一位：S 代表加齐纳二极管

1 代表 CRI≥70

2 代表 CRI≥80

3 代表 CRI≥90

4 代表 CRI＝70~75

A 代表加齐纳二极管 CRI≥70

B 代表加齐纳二极管 CRI≥80

C 代表加齐纳二极管 CRI≥90

第二位：有色光无此码

1 代表 6000K 主色温

2 代表 4000K 主色温

3 代表 3000K 主色温

A 代表新制程 6000K 主色温

B 代表新制程 4000K 主色温

C 代表新制程 3000K 主色温

例：

GX-B　W6C1　HZ　4　Y　01

（2）大功率成品规格内容：

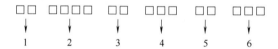

1）支架之种类

ZX：代表支架，X 为编号。

2）测试条件（如：定电流 100mA＝A100，350mA＝A350）。

3）模条或一次光学 Lens 代码

TX：代表模条，X 为模条代号，

LX：代表 LENS，X 为模条代码，

00：代表无模条无 Lens。

4）前段特殊作业要求。

5）铝基板种类：

LX：代表铝基板，X 为编号。

6）流水码。

2. LED 封装生产流程单

在了解了所在企业的产品命名规则后，结合原材料的知识，可以识读生产流程单，或称生产指令单，图 4.4 所示为 LED 封装生产流程单示例。在某一批次的生产任务确定后，生产管理人员将会把生产流程单复制成若干份，同时发放到封装生产线的各个岗位，各岗位操作人员按照流程单指示进行正确的操作。一般而言，生产流程单标明了产品的型号、采用的原材料的型号、产品性能规格等参数，其中有一些参数是需要在某些岗位进行设置的，例如色温的要求是配粉时粉量检测的依据，也是分光时的检测标准。

图 4.4 LED 封装生产流程单示例

一般而言，生产流程单下达的同时还要下达一张跟随产品在各岗位流动的物料跟踪单，以跟踪和反馈生产过程中物料的使用情况，如有无丢失或损坏等，物料跟踪单的内容主要是各种原材料的数量，不含特性参数，识读较为容易，故其具体形式在此从略。

在一些特定的岗位，如荧光粉配粉等过程中，还会下达配荧光粉时各个组分的配比单，在此从略，到以后相应章节再行描述。

任务三　掌握 LED 封装中的静电防范

LED 封装中要十分注意的一个问题就是静电的防范，即防止静电对 LED 封装生产中的元件尤其是芯片产生危害，要注意，这一危害具备破坏性的效果，可能使元件破坏而不能使用，也可能使元件的性能因被轻度破坏而下降，这是一种更难察觉的潜伏性危害。

因此 LED 封装中，静电的防范是十分重要的。

一、静电的产生

静电学是 18 世纪以库仑定律为基础建立起来的，是研究静止电荷及磁场作用规律的学科，也是物理学中电磁学的一个重要组成部分。

任何两个不同材质的物体接触后再分离，即可产生静电。当两个不同的物体相互接触时就会使得一个物体失去一些电荷，如电子转移到一个物体使其带正电，而另一个物体得到一些剩余电子的物体而带负电。所以物体之间接触后分离就会带上静电。通常在从一个物体上剥离一张塑料薄膜时就是一种典型的"接触分离"起电。

固体、液体甚至气体都会因接触分离而带上静电。为什么气体也会产生静电呢？因为气体也是由分子、原子组成的，当空气流动时分子、原子也会发生"接触分离"而起电。所以在我们周围环境以至我们的身上都会带有不同程度的静电。

实质上摩擦起电是一种接触又分离从而造成正负电荷不平衡的过程。摩擦是一个不断接触与分离的过程，因此摩擦起电实质上是接触分离起电。在日常生活中，各类物体都会因移动或摩擦而产生静电，如工作桌面、地板、椅子、衣服、纸张、包装袋、流动的空气等。

另一种常见的起电是感应起电，当带电物体接近不带电物体时会在不带电物体的两端分别感应出正电与负电。

二、静电的基本特性及其对电子元器件的危害

静电的基本物理特性为：同极相斥、异极相引，与大地有电位差，会产生放

电电流从而危害 LED 等电子产品。

静电放电（Electro Static Discharge，ESD）是 20 世纪中期以来形成的，以研究静电的产生与衰减、静电放电模型、静电放电效应如电流热（火花）效应（如静电引起的着火与爆炸）和电磁效应如电磁干扰（EMI）及电磁兼容性（EMC）问题，其被越来越重视。

静电是时时刻刻且到处存在的，但是在 20 世纪 40 年代很少有静电问题，因为那时是晶体管和二极管，所产生的静电也不如现在普遍存在。在 20 世纪 60 年代，随着对静电非常敏感的 MOS 器件的出现，静电问题日渐明显，到 20 世纪 70 年代静电问题越来越严重。20 世纪 80 年代，随着集成电路的密度越来越大，一方面其二氧化硅膜的厚度越来越薄（微米至纳米），其承受的静电电压越来越低，另一方面，产生和积累静电的材料如塑料、橡胶等大量使用，使得静电越来越普遍存在。

在 20 世纪 70 年代以前，很多静电问题都是由于人们没有静电放电意识而造成的，即使现在也有很多人怀疑静电放电会对电子产品造成损坏。这是因为大多数静电放电损害发生在人的感觉以外，因为人体对静电放电的感知电压约为 3kV，而许多电子元件在几百伏甚至几十伏时就会损坏，通常电子器件对被静电放电损坏后没有明显的界限，把元件安装在 PCB 上以后再检测，结果出现很多问题，分析也相当困难。特别是潜在的损坏，即使用精密仪器也很难测量出其性能有明显的变化，所以很多电子工程师和设计人员都怀疑静电放电，但近年来的实验证实，这种潜在损坏在一定时间以后，电子产品的可靠性明显下降。

1. 静电对电子产品损害的特点

（1）隐蔽性

人体不能直接感知静电，除非发生静电放电，但是发生静电放电人体也不一定能有电击的感觉，这是因为人体感知的静电具有隐蔽性。

（2）潜在性

有些电子元器件受到静电损伤后的性能没有明显下降，但多次累加放电会给元器件造成内伤而形成隐患。因此静电对器件的损伤具有潜在性。

（3）随机性

电子元器件在什么情况下会遭受静电破坏呢？可以这么说，从一个元器件产生以后，一直到它损坏以前，所有的过程都受到静电的威胁，而这些静电的产生也具有随机性。

（4）复杂性

静电放电损伤的失效分析工作，因电子产品的精、细、微小的结构特点而费时、费事、费钱，要求较高的技术并往往需要使用扫描电镜等高精密仪器。即使如此，有些静电损伤现象也难以将与其他原因造成的损伤失效当作其他失效。这在对静电放电损害未充分认识之前，常常归因于早期失效或情况不明的失效，从而不自觉地掩盖了失效的真正原因。所以静电对电子器件损伤的分析具有复杂性。

2. 静电对 LED 芯片的影响的主要体现

1）静电放电破坏，使 LED 芯片等元器件受损坏不能工作（安全破坏）。

2）静电放电或电流产生的热，使 LED 芯片等元器件受损伤（潜在损伤）。

3）静电放电产生的电磁场幅度很大（达几百伏/米），频谱极宽（从几十兆到几千兆），对 LED 芯片等元器件造成干扰甚至损坏（电磁干扰）。

如果元器件损坏，则能在生产及品管中被察觉而排除，影响较小。如果是静电使元器件轻微受损，在正常测试下不易发现，并会因过多层的加工，直至已在使用时才出现，不但检查不易，还要耗费很多人力及财力才能查出问题，而且造成的损失将可能巨大。

静电放电对高亮度 LED 在使用上存在的影响是非常大的。静电是造成 LED 材料漏电（I_R/反向电流）的主要因素，LED 在漏电后其亮度和颜色不会即时表现出不良现象，但在正常持久工作时其亮度会明显下降或不稳定及不亮，因此要充分重视并采取防范措施。

3. 静电的防范措施

90%的静电危害均来源于作业中没有对设备进行接地及操作员没有配备相应的防静电设置，因而在制造作业中应尽可能地在防静电方面做一些控制。

（1）原物料检验环节

1）测试机台需接地（单独地线）。

2）测试人员需配备防静电环（必须为有线并接单独地线）。

3）避免材料有剧烈摩擦，如在材料盘内来回挪动材料及在桌面上反复挪动材料均易造成漏电。

（2）仓库储存

1）储存条件：温度 T_a 保持在 25℃ ± 5℃ 范围内，湿度 HR% 保持在 60% 以下。

2）将元器件包装好杜绝 12h 内不封口现象。

（3）封装生产过程

1）生产车间地板布铜网进行静电吸收处理（单独地线）。

2）焊接设备（包括电烙铁、自动焊接机台及测试机台）需接地。

3）操作人员需配备防静电环。

习题与思考

1. LED 封装产线包括哪几个岗位群？

2. 什么是自动固晶机调节中的三点一线？

3. 简述自动固晶机和自动焊线机的 PR 设置步骤？

项目五　固　　晶

学习目标与任务导入

LED封装生产主要分为固晶、焊线、封胶、分光与包装等几个生产环节。其中固晶和焊线这两个环节由于在工序步骤上相连，而且所使用的机器设备以及对作业员的技能要求等方面也较为类似，因此通常将这两个工序环节的各个岗位统称为固焊岗位群，又称为LED封装前工序岗位。

固晶就是在LED支架的特定位置处涂上银胶或绝缘胶，将LED芯片放置于银胶（或绝缘胶）位置，令芯片被银胶（或绝缘胶）黏贴在支架的相应位置上，并经过烘烤而使之黏牢的过程。

焊线就是在固晶完成的支架上，把LED芯片（即pn结）的正负极和支架电极对应的正负极用金线焊接，令它们在电路上连接起来的过程。焊线后，LED灯珠已经成为一个接上合适的电源就能发光的"小灯泡"。

由于固焊岗位操作是采用专用的自动化机器设备来进行，有时还需要配备较为复杂的手动固晶和焊线设备来进行辅助或补充的固晶焊线操作，对操作员的技术要求较高，因此，固焊岗位群是LED封装产线中重要的技术性岗位群。

任务一　掌握扩晶工艺

目前，由于生产效率的要求，以及仪器设备自动化程度的提高，固晶工序一般是在高速自动固晶机上进行，固晶岗位操作人员的主要任务就是操作自动固晶机完成固晶操作。而在自动固晶进行之前，需先进行一个辅助工序——扩晶的操作。

　　扩晶是固晶前的一项准备工作，其目的是将黏附于晶膜上的 LED 芯片（或称晶片）阵列中各粒晶片之间的距离拉大，是整个晶膜中晶片从原来的紧密排列的聚集状态，扩展为适于固晶机吸晶嘴吸晶的扩展状态。

　　扩晶的原理是利用塑料晶膜片（在温度升高时）的塑性拉伸特性，将塑料晶膜片拉伸，从而使黏附于其上的晶粒之间的距离随之变大从而完成扩晶。

　　扩晶操作在半自动的扩晶机上进行，扩晶机的外形以及扩晶前后芯片间距对比如图 5.1 所示。从图 5.1 中可见，扩晶后芯片之间的间距比扩晶前大约扩大了一倍。

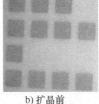

b) 扩晶前

a) 扩晶机　　　　　c) 扩晶后

图 5.1　扩晶机的外形以及扩晶前后芯片间距对比

扩晶操作一般按如下步骤进行：

1）开启机器。

2）机器热板预热（按照所用机器的说明书设定预热温度）。

3）放置待扩晶胶膜。

4）胶膜预热（按照说明书规定的温度和时间预热）。

5）扩晶操作。

6）除去子母晶环外的多余膜片。

7）取出子母晶环，完成扩晶。

扩晶后的晶膜可直接用于自动固晶，当然，也可用于手动固晶的环节。

扩晶作业指导书

产品类别：SMD

工位：扩晶

使用设备：扩晶机

使用工装：刀片

作业内容：

（1）准备

1）清洁工作台面，检查扩晶机（图一）及离子风扇（图二）是否正常。

图一　扩晶机　　　　　　　　　图二　离子风扇

2）打开电源，把温度设定为 40~80℃，可根据不同厂家芯片的性能调节参数；查看芯片薄膜上的单号简码及对应颜色代码是否一致，如 022B。

（2）作业

1）观察图一所示的温度显示器，待温度上升到设定温度时，把内环按方向放到加热板上并压到位。

2）再将待扩的膜晶片面朝上，放于扩晶盘中央（见图三）。把夹具面盖压下并扣上，点按图一所示的扩晶键，观察晶片环与拉起的胶膜高度约 4cm 时停止按键，否则，胶膜拉起过高容易出现爆裂而造成芯片不能正常使用；晶片胶膜拉紧后（见图四），把外环套在内环上，点按图一所示的压圈键，直到外环与内环持平为止。

3）对于扩好的芯片，用刀片把蓝膜割断，用手取出即可，打开扩晶机的把手，把扩晶机上的蓝膜取出放到指定的回收桶中。

（3）注意事项

1）扩晶前检查晶片标签型号及编码是否与作业的单号一致。

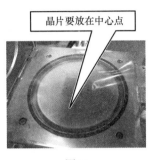

晶片要放在中心点

图三

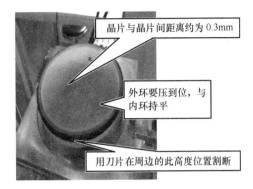

晶片与晶片间距离约为 0.3mm

外环要压到位，与内环持平

用刀片在周边的此高度位置割断

图四

2）芯片胶膜不能有破损、针孔及破裂。

3）晶片不能有倾倒现象，电极不能有刮伤及氧化。

4）双电极芯片中一张芯片不能有两种不同的方向。

5）扩晶时的撕膜动作必须在离子风扇下进行，撕膜要在 3~5s 内完成，手不能接触到芯片表面，以免污染芯片而无法使用（见图二）。

6）晶片与晶片之间的间距约为 0.3mm（即 1.5 倍晶片宽度），不可持续点按扩晶键，以免晶片膜扩破。

7）扩晶环内圈有倒角的一面朝上，外圈有倒角的朝下，内环与外环要紧扣。

8）割膜时注意：刀片不要碰到扩晶环下面的电热丝以免造成触电事故。

9）此工序由固晶作业员完成。

10）扩晶压圈时，需左右手大拇指同时按下左右压圈按键，并且在下压过程中禁止触碰芯片和扩晶盘，以免压伤。

11）芯片在发料前由领班助理负责在晶片膜上写上单号、颜色代码及编号（不同颜色的晶片使用固定颜色笔进行书写）。

任务二　认识自动固晶机结构原理

固晶的方法可采用手动固晶或自动固晶两种。目前，由于手动固晶效率低下，通常只在作为修补和实验时用。为了提高生产效率从而具备基本的竞争力，企业的实际生产线上的固晶工序绝大多数都是采用自动化程度较高的高速自动固晶机来进行。

1. 自动固晶过程中的机器动作

高速固晶机自动固晶的过程是一个机器智能化程度较高的自动化生产过程。在生产过程中，机器需要完成以下一系列的动作或过程：从物料入口单元自动运送支架；自动识别出支架上的点胶位置；自动将银胶（或绝缘胶）点在支架上的点胶位置；自动运送芯片膜；自动识别芯片膜上芯片的位置；自动吸取芯片；自动将吸取的芯片运送至支架上已点上银胶（或绝缘胶）的位置并将芯片黏固在银胶（或绝缘胶）上；在机器上的支架全部完成固晶后自动暂停并提示更换支架；在晶圆上的芯片用完后提示更换芯片等。

2. 自动固晶机结构原理

高速自动固晶机的生产厂商国内外皆有，比较著名的如国外的 ASM、国内的晶驰等品牌。以下以晶驰高速自动固晶机为例描述自动固晶机的结构原理。图 5.2 所示为晶驰高速自动固晶机的外形图。

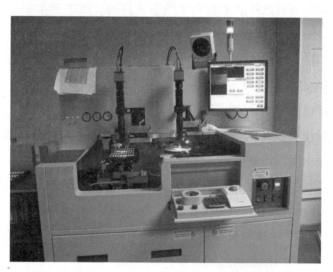

图 5.2　晶驰高速自动固晶机的外形图

为了能够自动完成以上描述的自动固晶工艺环节的各个动作，自动固晶机一般包括以下主要部件或功能模块，各部件或模块及其功能如下：

1）固晶头及固晶臂：其上安装吸嘴，完成拾晶（吸晶）和固晶的动作。

2）晶圆工作台：用于固定晶圆及带动晶圆移动到拾晶位。

3）载板工作台及夹具：用于固定被固工件（即支架）及带动工件移动，根据所需固晶的支架类型不同，夹具也需要和其匹配订制。

4）顶针及顶针环工作台：顶针工作台上安装顶针，其作用是将所要被拾取的晶片顶起，并通过顶针环真空吸晶圆使其脱离蓝膜，以便固晶臂拾取。

5）晶圆子母环及切换工作台：晶圆子母环用于卡紧晶圆，晶圆切换工作台用于选择及切换当前工作晶圆。

6）银浆头及银浆臂：其上安装点胶头，完成取浆和固浆（喷胶）动作。

7）银浆盘：用于盛载及搅拌银浆或绝缘胶。

8）显示器及触摸屏：用于显示及操作屏幕菜单，同时也显示工件及晶圆两侧的图像。

9）载板镜头：用于摄取载板工作台上的工件图像。

10）晶圆镜头：用于摄取晶圆工作台上的晶片图像。

11）载板镜头 X-Y 调节基座：用于固定和调节载板镜头的位置。

12）晶圆镜头 X-Y 调节基座：用于固定和调节晶圆镜头的位置。

13）电源控制面板：开启机器及马达总电源。

14）操控面板及抽屉：控制工作台位置及选取操作菜单。

15）显示面板：显示机器一些主要受控部件当前的工作状态。

16）三色信号灯：提示操作员当前的机器状态。

17）主控箱：计算机控制部分。

18）漏晶检测传感器组建：用于检测固晶臂在拾晶后吸嘴端部是否有晶片，以及在固晶后吸嘴顶部是否无晶片。

任务三　掌握自动固晶技能

如上文所述，自动固晶机在生产过程中，能够自动完成一系列复杂的动作从而完成整个固晶过程。但是，要使得自动固晶机自动完成固晶过程，自动固晶岗位的操作技术员首先必须将机器各零部件调至正确的位置和状态，然后再设定好机器需要做的各个动作的位置与先后顺序，机器才能按照设定好的程序（通常称为程式以和计算机程序相区别）运行，进而完成整个固晶工作。

所以，自动固晶岗位的操作技术员的主要岗位技能首先就是自动固晶机器的调节、参数设定以及针对不同的产品（原材料使用不同的支架和芯片）而做的自动固晶程式的设定，其次才是在程式设定好的机器上进行自动固晶过程的操作

（更换支架夹具和晶片膜）。因为后者相对于前者而言比较简单。

1. 机器设定与"三点一线"调节

机器设定除了包括正常的开机、关机维护和配套软件运行，以及常规的参数设定这些较为简单的步骤之外，主要的工作之一就是"三点一线"调节。

自动固晶机的自动固晶动作主要有两组：一组是吸晶，另一组是固晶，三点一线就是和这两组动作密切相关的机器部件之间位置的调节对准过程。

（1）吸晶过程的三点一线

吸晶（也称为拾晶）就是固晶臂摆动至晶片位置的正上方，然后安装了吸嘴的固晶头通过吸嘴的负压将晶片吸起的过程。但由于晶片是黏贴于晶膜上的，吸晶头的负压显然是不会大到足够克服晶膜的黏力而将晶片吸起这种程度的。所以机器设置了顶针这一部件，在吸晶之前，先从晶膜下面用顶针往上顶一段微小的距离，使顶针对正的晶片脱离晶膜，同时吸晶头进行吸取，这样就能完成吸晶的过程。显然，如果在吸晶时，顶针顶的位置和吸晶头吸取的位置没有对准，即两者不在同一条竖直线上，那么吸晶动作将会失败。因此，要进行机器的顶针和吸晶头的位置对准调节，此外，在机器运作的整个过程中，吸晶动作都是被摄像头（即上文所述的晶圆镜头）全程监控的，通常令顶针和吸晶头的位置位于晶圆镜头的视场中心处，故称这一调节过程为吸晶过程的三点一线。简而言之就是顶针、吸嘴取晶位置和摄像头，这三者必须在同一条垂直线上。

（2）固晶过程的三点一线

固晶就是银浆臂摆动点胶头（银浆头），运动至银浆盘完成取浆，然后摆动到支架上将银浆点下（喷胶）完成固浆动作；其后固晶臂摆动吸晶头至支架上刚才固浆的位置并取消负压放下晶片，令其黏贴于银浆上从而完成固晶的过程。显然，如果点胶头固浆的位置和吸晶头固晶的位置没对准，固晶动作将会失败。因此，要进行机器的点胶头固浆位置和吸晶头固晶位置的对准调节，同样，在机器运作的整个过程中，固晶动作都是被摄像头（即上文所述的载板镜头）全程监控的，通常令点胶头固浆位置和吸晶头固晶位置都位于晶圆镜头的视场中心处，故称这一调节过程为固晶过程的三点一线。简而言之就是摄像头、点胶头点胶位置和吸晶头固晶位置，这三个点必须在同一条垂直线上。

以上两步的调节，即是自动固晶机的三点一线调节。

2. 固晶程式的设定（做 PR）

（1）固晶程式设定的概念

在调节好机器的三点一线之后，机器就能够准确完成单个支架和芯片的固晶动作了。然后，需要给机器设定一定的程式，以令其以后按照这一设定好的程式运行完成固晶的功能。所谓程式，就是规定机器在什么地方固晶，一般而言，简单的程式都是让机器在一个矩形的区域内的不同位置点进行固晶，固晶点的排布类似于矩阵的结构，即若干行、若干列，这是支架上或载板夹具上的设定，也就是以上所述两个动作之中"固晶"动作的设定。此外，还需要进行晶片方，即晶片膜上"吸晶"动作的设定，即规定吸晶过程在横向和纵向上的扫描顺序和间隔。

如果机器就简单地按照事先的设定程式盲目地运作，那么由于实际情况的复杂性，固晶效果是得不到保障的，可能出现以下两种问题：其一，假设由于三点一线做得很准，吸晶也完美，则固晶机的动作是按照程式的规定，在一个例如 2 行 10 列的矩阵上进行了 20 次固晶。但其每一次固晶的位置是否都固在相应支架的中心位置上？有的地方会不会偏差较大，甚至脱离了支架的有效部位？其二，有时候由于晶膜中晶片位置的偏差和某一位置晶片的疏漏，吸晶没有成功，当然固晶也就失败了。

所幸的是，自动固晶机是一种智能化程度较高的设备，在整个固晶过程中，无论是固晶还是吸晶过程，都是被摄像头（分别为上文所述的载板镜头和晶圆镜头）全程监控的，机器可以识别这两个摄像头所摄取的景物。而在设定固晶程式时，不仅要设定矩阵及其中各个固晶点的位置，还要摄取各个固晶点及各个吸晶点周围一定区域的图像并让机器记忆下来。这样，在按照事先设定的矩阵路径进行各点吸晶和固晶前，机器首先判定该位置是否确实是记忆中设定的正确的固晶位或吸晶位附近，如判断结果为是，才移到准确的位置进行固晶或吸晶操作，否则会提示错误。

因此，固晶程式的设定和执行就不仅仅是一个死定的设定和一个盲目的执行过程，而可以理解为让机器通过学习识别出整个固晶流程各个步骤的景物并在正确的条件下按照顺序执行的过程。因此，固晶程式的设定通常又称为做 PR（Pattern Recognition，模式识别），即让机器能够识别固晶过程的景物以避免盲目犯错。

（2）固晶程式设定的步骤

一般而言，在一批产品即将批量生产之前，需要进行固晶程式的设定。因为不同规格的产品，使用的支架和芯片一般不会都是相同的，因此不能套用其他产品的固晶程式，而需进行新的设定。

固晶程式设定的步骤如下：

1）设置对点（设定固晶区域的大致范围）。

这是固晶程式设定的第一个步骤，属于支架方的设定步骤，其意义为设定固晶区域的大体位置范围，其方法为设定两个对点（在晶驰自动固晶机配套软件中的术语称为"设置对点一"和"设置对点二"，也是软件设置界面该步骤的设置按钮名称）分别作为表示固晶范围的矩形区域的左上角和右下角，机器首先找到这两个对点，初步确定固晶区域的位置。

这两个对点的确定方法要灵活处理，一般采用黑白分明、机器容易识别的图样来形成对点：在载板镜头的监控图像界面上用机器的鼠标框出一个矩形（通常是正方形）区域，其中心即为对点，以下各个步骤的设置方法亦然。例如：一片大功率 LED 支架由 2 行 10 列的 20 个支架构成，如图 5.3 所示。此时，对点一可选其左上角的支架的中心，对点二可选其右下角的支架的中心。假若是集成封装的支架，则其结构不会像图 5.3 一样有规律性，此时，可选用一些容易识别的图样，例如小孔、直角等，以其中心区域来构成对点一和对点二。

图 5.3　大功率 LED 支架

2）设置矩阵（设置各个固晶点位置）。

这也属于支架方的设定步骤，其意义为设置好机器需要固晶的各个固晶点的具体位置。由于机器一般只能设置矩形的矩阵形式固晶点阵列，所以位置的设定首先是通过设置第一、第二和第三点来进行的，在单颗灯珠支架的情形下，如

图5.3所示，第一点为左上角支架中心，第二点为右上角支架中心，第三点为左下角支架中心。这样，便设定了矩阵的大小，即行和列的最小、最大值位置所在。三点设定后，输入正确的行、列数（见图5.3），分别为2和10，单击"计算矩阵"按钮就可以设定出固晶点的矩阵各元素，即每一个固晶点的位置。

3）组群矩阵。

这也属于支架方的设定步骤。因为一个夹具上可能有若干块支架片（例如通常的4行1列4块支架片竖排），因此要在各块支架片中把第2）步的设置"克隆"一遍。这是通过组群矩阵功能来实现的，具体的做法与第2）步类似，也是设置三个点：第一点为组群矩阵中左上角支架片的第一点，第二点为组群矩阵中右上角支架片的第一点，第三点为组群矩阵中左下角支架片的第一点，亦即各支架片的左上角支架的中心，如果是通常的4行1列4块支架片竖排，则第一点与第二点重合。设置好后，按"计算组群矩阵"按钮，机器即会把第2）步的设置克隆到其余各块支架片中。

4）确认对点和各个固晶点。

这也属于支架方的设定步骤。完成以上设置后，需在软件"程式重温"界面中对一块支架片上的各设定点进行确认，先确认对点，进而确认各固晶点。

5）确认组群。

这也属于支架方的设定步骤。内容为组群中各支架块第一点的确认。

6）位置设定。

完成了以上设置后即可进入"位置设定"界面进行点胶头和吸晶头正确高度的确认等工作，通常而言，三点一线也可放在这个步骤进行。

7）晶片设定。

这是属于晶片方的设定步骤，可视为让机器能够识别晶片的PR过程。其目的是令机器能找到芯片的位置以完成吸晶动作，并指定机器在完成一次吸晶后搜索下一晶片的方向和间距。步骤有三个，分别为设定晶片一、晶片二和晶片三，这三块晶片是晶片阵列中相邻的三块晶片，相对位置分别为左上角、右上角和右下角。在晶圆镜头的视场中，用鼠标框住整块晶片的图像，其中心点即为相应的晶片设定点。

8）机器参数的再确认。

完成晶片设定后即可进入"机器参数"界面进行机器参数的确认或设置，

这一界面主要是吸晶动作相关的参数设置，例如晶片搜索范围等。

9）自动固晶界面的设置。

之后进入自动固晶界面的设置。这一步骤首先再次确认对点一和对点二，定固晶点准确无误，其次设定吸晶动作的起始晶片（一般为角上），然后，需进行单个补浆操作，如补浆位置偏差较大需调节固晶点的位置，如补浆位置很正则进入下一步单步补晶，位置有误差再次调节固晶点的位置，如正确则重复两到三次即可完成整个 PR 设置工作。下一步就可进入自动固晶的运作流程了。

3. 自动固晶的运作流程

在固晶机台安装及按以上步骤进行参数设置并完成后即可交由自动固晶岗位的操作人员使用而进行自动固晶的生产。

自动固晶的运作流程如图 5.4 所示，其各个步骤的说明如下：

1）将工件安装在夹具载板上：安装时注意线路板定位孔的方向，且工件一定要在夹具载板上放平整，以免夹具夹紧时不能将工件压平。

2）将夹具载板放入夹具中：正常情况下，此时夹具气缸应在松开位置，因此可将夹具载板直接放入夹具中，如果之前进行过其他操作，夹具气缸处于顶上的位置，则需先按"更换载件"按钮将气缸降下，然后再插入夹具载板。

3）按屏幕上的"自动固晶"键或"开始固晶"按钮，使机器进入自动固晶流程（注意：按此按钮之前，一定要使手以及身体其他部位离开机器夹具及其他运动部件，以免意外伤害）。

4）机器自动夹紧夹具载板：夹具气缸将升起以夹紧夹具载板。

5）机器自动对点：机器将根据程式的对点位置分别将载板工作台移动到第一和第二对点位进行自动对点，如自动对点不成功，机器将出现提示对话框，要求用户手动对点。用户可用推杆将工作台带到对点位，按"对点确认"输入手动对点；若由于载板影响校正做得不好而造成对点对不过，还可按"载板映像标定"按钮重做映像校正。

6）机器自动固晶：正常情况下，机器将连续完成拾晶、固晶和取浆、固浆的动作。当出现漏拾晶或漏固晶时，通过漏晶检测传感器进行检测，并重新拾晶或报警。在固晶过程中如需停下查看或进行其他操作，可按键盘上的"+"键停止固晶。

7）自动固晶完成，机器自动放松夹具载板：夹具气缸将下降松开夹具载板。

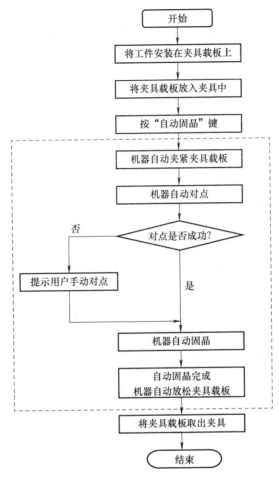

图 5.4　自动固晶的运作流程

8）将夹具载板取出夹具：从夹具中取出已完成固晶的夹具载板换上待固夹具载板，然后按"开始固晶"按钮开始下一次固晶循环。在机器进行自动固晶过程中，操作员可将固好晶的工件从刚取下的载板上取出，载板以备下次使用。

自动固晶作业指导书

产品类别：SMD

工位：自动固晶

使用设备：SMD 固晶机

使用工装：料盒

（1）准备

1）确认支架、芯片、银胶的型号是否与量产规格书及生产任务通知单相符。

2）打开电源按键启动系统，启动系统后双击桌面 diebond. exe 固晶程序图标进入固晶操作界面。

3）填写 LED SMD 流程单并编号，2121 支架 20 片为一张流程单，3535 支架为 20 片一张流程单。

（2）作业

1）将晶片放入晶片架中，观察 LED 显示，如图 5.5 所示，晶片须与显示屏上的十字星呈平行排列（双电极晶片按照机台显示屏上晶片摆放标示放置）。

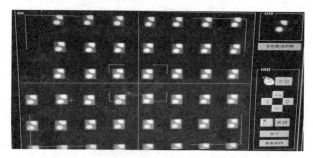

图 5.5　晶片须与显示屏上的十字星呈平行排列

2）支架应按相同方向装入料盒，并按机台设定好的支架方向放入料架（不同机台其左右支架方向不尽相同，注意确认）。

3）参照 SMD 自动固晶机的操作说明书设置固晶参数。

4）设置完参数后做首件（每头各一片首件材料），首件自检合格后交质检员确认，质检员确认首件合格后再量产。

5）固晶前及固晶结束时按照要求填写流程单上的机台号、开始日期时间、完成日期时间、姓名、晶片编号、模号。若 RGB 芯片未固全，须在流程单右上角进行备注。

（3）注意事项

1）作业时要戴防静电手腕及指套（每只手至少三个指头；分别戴于大拇指、食指和中指）。

2）单电极红光芯片用银胶，双电极蓝绿芯片用白胶，生产全彩时先固蓝绿再固红光。

3）使用 DT-126 透明胶时胶盘每 4h 加适量绝缘胶一次，绝缘胶盘每 48h 清洗一次。

4）使用 84-1 银胶时胶盘每 4h 加胶适量银胶一次，每次胶量约 0.45mL，银胶盘每 12h 清洗一次。

5）当银胶出现拉丝现象，应立即清洗胶盘并更换银胶。

6）固晶机停止固晶时，要保持银胶盘转动，如果银白胶盘停止转动 30min 以上，则须清洗银白胶盘。

7）支架从防潮柜拿出时按先进先出原则，从取出支架开始计时到固晶进烤的时间为 4.5h，先固蓝绿光，最后固红光。支架必须在固完红光材料后的 1h 内进烤，设备故障或其他原因，则已固晶的支架先进烤，空支架放进防潮柜保存并贴上标识注明。

8）固晶机的吸嘴、点胶头在蓝绿光机台上设定每做 40K 批次清洗一次，红光机台则设定为 20K 批次清洗一次，避免黏胶、漏抓、多胶、少胶现象。

9）机台在运行时，切勿用手触及机台上的危险标识部位。

（4）自主检查

1）首件检验合格后批量作业时，每 20 条支架一个料盒自检。

2）每台机台开始作业的第一盒材料需按作业先后的顺序任意抽取 6 片支架进行全检作业。

3）若固晶不良比例未超出《LED 质量报警方案》及无其他品质异常等问题，后续批量作业时每盒材料抽取 3 片进行全检作业，并填写《固晶自主检查日报表》及《产品流程单》。

4）若固晶不良比例超出《LED 质量报警方案》或存在其他品质异常等问题时应及时停机，通知领班进行处理，必要时请各相关部门协助处理。处理完成后需重新进行上述操作步骤。

任务四 掌握自动固晶的故障解决方法

在自动固晶机自动固晶运行过程中，一切条件正常的情况下，机器会在支架用完以及芯片用完这两种情况下发生被动暂停，并提示操作员更换支架或芯片。

但在以下几种机器不能正常固晶的情形下，也会发生被动暂停。

（1）吸嘴堵塞

由于动作非常频繁，吸晶嘴有可能在生产过程中发生堵塞，此时，机器将会自动停下并提示操作员清洗吸嘴，此时，应在操作软件界面中设置将吸晶头摆至清洗位，清洗完毕后检验三点一线是否仍对准，如发生偏移需进行校正，其后再继续启动自动固晶流程。

（2）吸晶或点胶位置偏移

在吸晶或点胶位置发生偏移的时候，可能需要重做三点一线，或者重做 PR，或者两者都需要重做。

（3）芯片辨认时常出错暂停

原因之一是扩晶操作时参数不一致，导致前后各晶环中晶片间距之间的差别过大，这样，根据前一晶环所做的晶片 PR 在机器对后一晶环中的晶片进行识别时困难较大，导致无法识别而发生被动暂停，这时，可视暂停出现的频繁度决定重做 PR 或者手动操作。

习题与思考

1. LED 与传统光源相比具有_____、发光效率高、体积小、_____、_____、_____、环保的优点。

2. 市场上最常见的 LED 衬底材料是_____、Si、_____。

3. LED 封装形式有_____、_____、_____和大功率 LED 封装。

4. 影响白光 LED 寿命的主要原因有_____、_____、芯片的抗浪涌电压和电流的能力差等。

5. 制作大功率白光 LED 需要注意的三个通道有_____、_____和热通道。

6. LED 电学、光学指标的测量方法参照_____文件。

7. 一次光学设计的四种形式包括_____、_____、_____和双反射式。

8. 白光 LED 的色温表征_____。

9. 在引脚式 LED 的封装工艺中，点胶工艺要控制_____。

10. SMD 封装的两种结构为_____和 PCB 片式 LED。

11. LED 的分类方法有按 _____、出光面特征、结构、_____、

_____、_____分法。

12. 静电对电子产品损害的特点有_____、_____、_____。

13. 引脚式 LED 芯片 L 型电极采用_____衬底，V 型电极采用_____

衬底。

项目六　焊　　线

学习目标与任务导入

固晶结束后的下一个工序就是焊线，也称引线焊接、压焊、键合等。焊线是 LED 封装生产中非常重要的一个环节，它通常是采用热超声键合工艺，利用热和超声波，在压力、热量和超声波能量的共同作用下，使焊丝焊接到 LED 芯片电极和 LED 的支架引脚上，完成 LED 芯片的内外电气连接，通电使之发光。焊线操作完成后，要求在显微镜下进行检查及拉力测试等，检测合格后才可进入下一站——封胶工序。

焊线需要通过焊线机才能完成。焊线机的发展经历了：手动焊线机—半自动焊线机（改装机）—低速全自动焊线机—高速全自动焊线机。目前全自动焊线机在 LED 行业应用已经很普遍，是 LED 行业封装不可缺少的设备，手动和半自动焊线机由于在产能上满足不了市场的需求，已经逐步被全自动焊线机所取代，只是作为补线用的辅助设备，用得较少。

任务一　认识全自动焊线机

全自动焊线机是一种集计算机控制、运动控制、图像处理、网络通信，由多个高难度 XYZ 平台组成的非常复杂的光、机、电一体化设备，它对设备要求高响应、低振动、高效率、稳定的超声输出和打火系统，以及高精准的图像捕捉，焊接材料通过全自动上下料系统实现全自动循环焊接。广泛应用于生产发光二极管、SMD 贴片、大功率 LED、晶体管、数码管、点阵板、背光源和 IC 软封装 CCD 模块和一些特色半导体的内引线焊接。

以目前使用比较普遍的全自动焊线机——ASM 自动焊线机为例。如图 6.1 所示，它主要由 PR 系统和 PC 系统两大系统组成，除此之外，还有其他辅助设备。

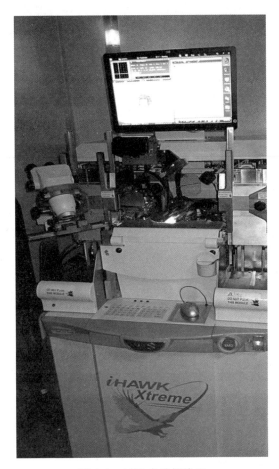

图 6.1　ASM 自动焊线机

1. PR 系统

PR 即编辑图像黑白对比度（做 PR），目的是对点、点数、功能和动作的设定，它决定了焊线机生产过程中能否高效、精确以及自动化的程度。

2. PC 系统

自动焊线机的 PC 系统主要是对信息数据进行处理并加以控制，在焊线机中由多个控制模板构成。

3. 金线

LED 封装焊线主要是采用金线。封装不同光电器件所使用的材料有所不同，焊丝的材料大致有三类：金线、铝线和铜线。由于铜线和铝线在 LED 焊线中存在制程问题，焊线不太顺畅，质量不好，而金线和 LED 芯片上的金电极接合性较好，并且金线不易氧化，所以 LED 封装常用金线作为焊丝。

LED 金线是由纯度为 99.99% 以上的金材质拉丝而成，它在 LED 封装中起到导线连接的作用，将芯片表面电极和支架连接起来。安装在焊线机上的成卷金线如图 6.2 所示。

4. 瓷嘴和打火杆

瓷嘴也叫陶瓷劈刀，是焊线机的一个重要组成部件，金线通过焊线机的送线系统最后到达瓷嘴，在瓷嘴上下移动的过程中完成烧球、压焊等操作。瓷嘴和打火杆在焊线机上的外形和位置如图 6.3 所示。

图 6.2　安装在焊线机上的成卷金线　　　　图 6.3　瓷嘴和打火杆在焊线机上的外形和位置

打火杆的高度、位置和水平度要设置好，要求为：焊线窗 Window Clamp 打开后，不会碰到打火杆；尖端低于劈刀尖一定程度；劈刀下降后，不会碰到打火杆；打火杆尖端应该保持水平。

5. 进料盒和出料盒

进料盒一般在焊线机的左侧，出料盒一般在其右侧，如图 6.4 所示。进料盒和出料盒的升降都会与焊线进度很好地配合，达到送料和出料及时不待机。

6. 其他辅助设备

焊线过程中还需要用到的工具设备有：拉力计、防静电环、镊子、挑晶笔、螺钉旋具、夹具、铁盘、显微镜等。它们在 LED 焊线过程中是不可缺少的。例如，检测 LED 焊线拉力大小的拉力计就是焊线环节中非常重要的一个质检工序；

a) 进料盒　　　　　　　　　　　　　b) 出料盒

图 6.4　进料盒和出料盒

显微镜用于焊线结束后检查是否虚焊、松焊和焊歪等。

任务二　掌握焊线机机台基本调整

1. 编程

当在磁盘程序〈DISK UTILITIES〉中无法找到所需适用的程序时，就必须重新建立新的程序，步骤如下：

1）设置参考点（对点）。

2）编辑图像黑白对比度（做 PR）。

3）焊线设定（编线）。

4）复制。

5）设定跳过的点。

6）做瓷嘴高度（测量高度）及校准可接受容限（即容差值）。

7）焊点脱焊检测功能开关设定。

2. 校准 PR

校准 PR 必须在有程序的情况下才能进行，当在焊线途中出现搜索失败或 PR 不良时，有必要重新校正图像对比度（即 PR 光校正）。它包含以下 3 个步骤：

1）焊点校正（对点）。

2）PR 光校正（做光）。

3）焊线次序和焊位校正。

3. 升降台的调整（料盒部位）

正常换单时，首先了解芯片及支架型号后再按照以下步骤进行调机：

1）调用程序。

2）轨道高度调整。

3）支架走位调整。

4）PR 编辑（做 PR）。

5）测量焊接高度（做瓷嘴高度）。

6）焊接参数和线弧的设定。

任务三　掌握焊线工艺的规范要求

1. 焊线工艺的基本要求

（1）焊接位置

1）键合第一焊点焊接面积不能有 1/4 以上在芯片压点之外，或触及其他金属体和没有钝化层的划片方格，第一键合点位置规范如图 6.5 所示。

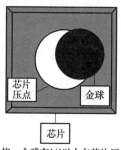
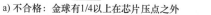

a) 不合格：金球有1/4以上在芯片压点之外　　　b) 合格：金球未超出芯片压点

图 6.5　第一键合点位置规范

2）第二焊点不得超出支架键合小区范围，第二键合点位置规范如图 6.6 所示。

3）在同一焊点上进行第二次焊接时，重叠面积不能大于之前焊接面积的 1/3。

图 6.6 第二键合点位置规范

4）引线焊接后与相邻的焊点或芯片压点相距不能小于引线直径。

（2）焊点状况

1）键合面积的宽度不能小于引线直径或大于引线直径的 3 倍。

2）焊点的长度不能小于引线直径或大于引线直径的 4 倍。

3）不能因为缺尾而造成键合面积减少 1/4，丝尾的总长度不能超出引线直径的 2 倍。

4）键合的痕迹不能小于键合面积的 2/3，且不能有虚焊和脱焊。

5）焊球的直径应该大于 2 倍的金线直径，小于 4 倍的金线直径。

6）焊球的厚度应该大于 1.2 倍的金线直径，小于 2.5 倍的金线直径。

（3）弧度要求

1）最低：第一点的高度应该高出第二点的高度，形成第一点到第二点的抛物线形状。

2）最高：不能高出晶片本身厚度的 2 倍。

（4）拉力控制

1）直径为 0.8~1.0mil 的金线：拉力≥5N。

2）直径为 1.0~1.2mil 的金线：拉力≥6N。

（5）引线要求

1）引线不能有任何超过引线直径 1/4 的刻痕、损伤、死弯等。

2）引线不能有任何不自然拱形弯曲，且拱丝高度不小于引线直径的 6 倍，弯屏后拱丝最高点离屏蔽罩的距离不应小于 2 倍的引线直径。

3）引线不能下塌在芯片边缘，且引线与芯片边缘的间距不得小于引线直径。

4）引线不能有松动，且相邻两引线的间距不得小于引线直径，引线不得穿过其他引线和压点。

5）焊点预引线之间不能有大于 30°的夹角。

（6）芯片外观

1）不能因为键合而造成芯片的开裂、伤痕和铜线短路。

2）芯片表面不能因为键合而造成金属熔渣、断丝和其他不能排除的污染物。

3）芯片压点不能缺丝、重焊或未按照打线图的规定造成错误键合。

（7）其他

框架不能有明显的变形，管脚、基底镀层表面应该致密光滑，色泽均匀呈白色，不允许有沾污、水迹、异物、发花、起皮、起泡等缺陷。

2. 焊线常见品质异常分析

（1）虚焊、脱焊

查看时间（Time）、功率（Power）、压力（Force）是否设定正确，预备功率是否过低，搜索压力是否过小或两个焊点是否压紧等。

1）Time：一般为 8~15ms。

2）Power：第一焊点一般为 45~75W，第二焊点一般为 120~220W。

3）Force：第一焊点一般为 45~65N，第二焊点一般为 120~220N。

（2）焊球变形

第二焊点是否焊上或焊接功率是否设得过大，烧球时间或线尾是否设得过长，支架是否压紧或瓷嘴是否过旧。

（3）错焊、位置不当

焊接程序和 PR 是否做好，焊点同步是否设定正确，搜寻范围是否设得太大等。

（4）球颈撕裂

检查功率、压力是否设得过大，支架是否压紧。或者适当减小接触功率，瓷嘴是否破裂或用得太久。

（5）拉力不足

焊点功率、压力是否设得太大，支架是否压紧，瓷嘴是否已超量使用而过旧（瓷嘴目标产能双线 80 万支）。

掌握瓷嘴更换：需在主菜单界面下更换，将扭力扳手放在 19.6N·m 力矩下，松开瓷嘴定位螺钉，取下瓷嘴，左手用镊子将瓷嘴放于瓷嘴上表面与换能器上表面持平状态，用扭力扳手上丝时应旋转用力，不可前推，换完瓷嘴后，校准瓷嘴按"cha cap"键，依提示校准后，再做一下瓷嘴高度，然后穿线，再按

"EFO"键烧球。进入焊线作业前要进行切线。

3. 焊线过程中的常见问题与解决方法

（1）虚焊

解决方法：将时间、功率、压力参数调大。

（2）焊线弧度过高

解决方法：清洗瓷嘴并扭紧线夹。

（3）断线

解决方法：调整机台工作稳定。

（4）PR认不到

解决方法：找相似度，重新对点。

（5）焊不上线

解决方法：清洗线夹、更换瓷嘴，或更变焊线参数，直至更换金线。

（6）尾线过长

解决方法：用镊子夹掉线尾并刮掉金球再单步焊接。

（7）拉力不足

解决方法：调整拱丝参数，减小一焊、二焊参数，清洗送线系统。

（8）塌线

解决方法：调整焊线弧度参数标准。

（9）掉电极

解决方法：降低温度和功率参数，或将芯片问题及时反馈给供货商。

（10）金球过大

解决方法：调整机台功率压力参数。

习题与思考

1. 什么是自动焊线机的做PR？

2. 焊线合格的具体要求有哪些？

3. 键合温度、第一和第二焊点的焊接时间、焊接压力、焊接功率、拱丝高度、烧球电流、尾丝长度等参数该如何设置？

4. 焊线的四大基本要素是什么？

5. 导致偏焊的原因有哪些?

6. 第一焊点焊不上的原因有哪些?

7. 更换瓷嘴应做的事项有哪些?

8. 焊线首件的内容与先后顺序是怎样的? 并写出首件的目的。

9. 焊线时 PR 设定的方法有哪些?

10. 焊线四大基本要素控制不良会导致什么样的后果?

项目七 封　　胶

学习目标与任务导入

　　LED 灯珠须经过封胶环节，将硅胶注入盖有透镜的灯珠内，待硅胶凝固后即可保护焊点等内部结构，使 LED 灯珠在实际应用环境中，能够抵抗各种外界力量的冲击而保持其结构和功能的稳定性。

　　对于白光 LED 而言，与以上原因相同，也必须经过封胶环节。而且，作为灯具的白光 LED 采用色光（通常是蓝色光）激发其互补色（黄色）荧光粉而得到白光。因此，在封胶环节之前，还必须经过添加荧光粉的环节，将适量的黄色荧光粉通过配胶环节混溶于硅胶中，并将硅胶覆盖于蓝光芯片之上，这就是点粉环节。

任务一　掌握 LED 封胶原物料知识

　　封胶岗位群中用到的主要原物料是 LED 封装胶及用以产生白光的荧光粉。

1. LED 封装胶

（1）成分及主要特性

　　LED 封装中采用的胶水一般为有机硅胶或环氧树脂胶，两者相比较而言，硅胶的性能更佳。LED 封装中采用的硅胶一般由两种组分构成，分别称为 A 胶和 B 胶，A 胶为主胶，B 胶为固化剂，使用时将两者按一定的比例（通常为 1：1）混合即可得到 LED 封装所用的胶水。其主要特性如下：

　　1）混合后黏度低、脱泡性好，颜色有透明、黑色、白色以及彩色等，一般根据需要采用，通常采用透明的胶水。

2) 常温下使用期长，中温固化速度为 2~3h，能受温度的变动及挠曲撕剥应力，无腐蚀性。

3) 固化后机械性能和电性能优秀，收缩率小，固化物透光性好。

（2）使用方法及要点

LED 封装胶在选型设计和使用时需要注意以下问题：

1) 从工艺的角度要考虑胶水和该批次的 LED 产品在混合后的黏度、固化后的硬度、混合后的操作时间、固化条件以及黏结力等方面是否匹配。

2) 从功能的角度要考虑折射率、透光率、耐热性能、抗黄变性能等方面的问题。

3) 使用的时候要注意以下问题：

① 注意要封胶的产品表面需要保持干燥、清洁。

② 按配比取量，且称量准确，请切记配比是重量比而非体积比。

③ A、B 胶混合后需充分搅拌均匀，以避免固化不完全。

④ 搅拌均匀后请及时进行灌胶，并尽量在可使用时间内使用完已混合的胶液。

⑤ 有些 A、B 胶可搭配扩散剂和色膏使用，添加剂用量一般为 2%~6%。

4) 以下是封装胶使用的一些典型数据：

① 混合比例：A 胶：B 胶=1：1（质量比）。

② 混合黏度（25℃时）：650~900mPa·s。

③ 凝胶时间：150℃条件下，烘烤 85~105s。

④ 可使用时间：25℃条件下，4h。

⑤ 固化条件：初期固化 120~125℃条件下，烘烤 35~45min，后期固化 120℃条件下烘烤 6~8h 或 130℃条件下烘烤 6h。

2. 荧光粉

20 世纪 90 年代中期，日本日亚化学公司的 Nakamura（中村修二）等人经过不懈努力，突破了制造蓝光 LED 的关键技术，并由此开发出以荧光材料覆盖蓝光 LED 产生白光光源的技术，开创了半导体照明的新纪元。

（1）白光 LED 的荧光粉实现方法

目前所采用的方法是在蓝色 LED 芯片上涂敷能被蓝光激发的（YAG）黄色荧光粉，芯片发出的蓝光与荧光粉发出的黄光互补形成白光。这种方案的一个原理性的缺点就是该荧光体中 Ce^{3+} 离子的发射光谱不具连续光谱特性，显色性较差，难以满足低色温照明的要求，同时发光效率还不够高，需要通过开发新型的高效荧光粉来改善。

（2）LED 荧光粉的特性

LED 荧光粉的特性包含：激发特性、发光特性、高能量转换效率、高安定性等。其中前两项最重要。

1）激发特性。

荧光材料在白光 LED 的应用当中，激发波段与发光颜色的匹配是最重要的先决条件，目前应用荧光材料所制作的白光 LED，其 LED 的放射波长多属于近紫外线或紫、蓝光范围，因此荧光材料大多激发特性在 350～470nm 波段，可以被 UV-LED or Blue-LED 所激发。

2）发光特性。

荧光材料的发光特性可以用发光光谱来判断，也可利用荧光光谱仪量测获得。除此之外，发光特性也可应用色度坐标分析仪所量测的色度坐标值进行辅助判断，如此更能完整地了解荧光材料的发光特性。

（3）白光 LED 荧光粉配比浅析

荧光粉在 LED 制造过程中起着至关重要的作用。白光 LED 的显色指数（CRI）与蓝光芯片、YAG 荧光粉、相关色温等有关，其中最重要的是 YAG 荧光粉，不同色温区的 LED，用的荧光粉及蓝光芯片不一样。目标色温越低的管子用的荧光粉发射峰值要越长，芯片的峰值也要长，低于 4000K 色温，还要另外加入发红光的荧光粉，以弥补红成分的不足，达到提高显色指数的目的，在保持的芯片及荧光粉不变的条件下，色温越高显色指数越高。

从生产中总结出来的经验来看，白光 LED 中蓝光芯片峰值波长与 YAG 荧光粉发射峰值波长的最佳匹配关系见表 7.1。

表 7.1 蓝光芯片峰值波长与 YAG 荧光粉发射峰值波长的最佳匹配关系

YAG 荧光粉发射峰值波长/nm	蓝光芯片峰值波长/nm
530±5	450～455
540±5	455～460
550±5	460～465
555±5	465～470

按照表 7.1 的配比做出的白光 LED 色度比较接近正白，即色温适中，不偏暖色也不偏冷色。

一般芯片厂家提供的都是主波长，峰值波长要用专门仪器测试，测出来的值一般都比主波长短 5nm 左右。荧光粉与芯片波长决定了色坐标中一条直线，确定了荧光粉与芯片波长，只要增加或减少配比就可以调节色坐标在这条直线上的位置，这就是白光 LED 制作中荧光粉配比的基本原理。

荧光粉需要添加并调匀在硅胶中才能正常使用。YAG 荧光粉和 AB 胶的比例一般为 1∶6~1∶10（质量比）。至于如何确定最合适的 YAG 荧光粉和 AB 胶的重量比，则必须视蓝色芯片的功率大小做调整。芯片功率大者，在荧光粉数量固定不变的情况下，AB 胶的数量应较少（例如 1∶6）；反之，功率小者 AB 胶的数量应较多（例如：1∶10）。

任务二　掌握封胶岗位群工序

LED 封装中封胶的工序和具体工艺步骤因 LED 的类型（封装形式）不同而有一定的区别，下面以工序较为完整的大功率白光 LED 的封胶为例，说明 LED 封装中封胶岗位群的主要工作步骤和相关知识。

大功率白光 LED 封胶岗位群包括配胶、自动点粉、补粉（补粉后需烘烤）、盖透镜及压边、灌胶（灌胶后需经短烤和长烤两个步骤的烘烤）5 个工序的不同岗位，如图 7.1 所示。

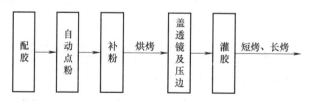

图 7.1　大功率白光 LED 封胶岗位群工序流程图

大功率色光 LED 的封胶环节不需要点粉工序，将其相应步骤略去即可。

1. 配胶

配胶岗位包括两个类型的工作：

1）对白光 LED 产品，称量和配比各种物料比例合适的荧光胶，以使 LED 产品能按照设计的要求产生所需光度和色度特性的白光。

2）配比用于色光及白光LED封胶的硅胶。

由于配硅胶的操作步骤完全包含于配荧光胶步骤中，因此以下主要说明配荧光胶的过程，包括配比单识读、物料称量、搅拌和抽真空四个环节，具体步骤如下。

（1）配比单识读与物料称量

配比单是白光LED配荧光粉工序中指定各种物料比例生产指令单。配比单识读是配胶岗位的基本知识要求，图7.2所示为某大功率LED配胶物料配比单。

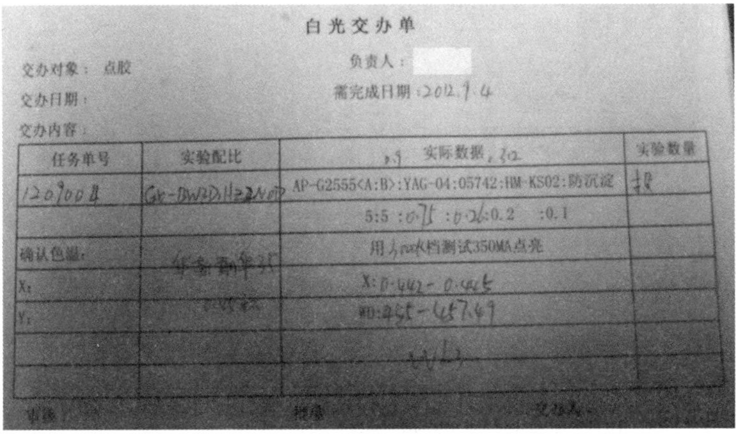

图7.2　某大功率LED配胶物料配比单

图7.3所示为配胶子工序之电子天平称量物料。在图7.3中，指示了配胶工序中一共用到5种物料，分别为硅胶中的A胶、B胶、黄色的YAG-04荧光粉、红色荧光粉05742、扩散粉HM-KS02以及防沉淀粉。其中硅胶的作用是荧光粉的载体；YAG-04为主要的荧光粉；红色荧光粉05742的作用是产生较低的色温；HM-KS02是扩散粉，由于荧光粉是小颗粒，在胶水中会沉淀或者分布不均匀，在点下去以后就会影响LED的光斑等，因此要加扩散粉。扩散粉就是加一定比例在胶水中，可起到光学扩散即增加漫反射的效果，但加多了的话会影响亮度。防沉淀粉就是专门防沉淀的。

物料称量的步骤为：将配胶杯置于电子天平上，依次按物料配比单的指定质量称出荧光粉、防沉淀粉、A胶、B胶。电子天平在使用时应注意运用"去皮"这一功能，即令当前的测量质量显示值为零的功能，这样可以避免对各物料的指

图 7.3　配胶子工序之电子天平称量物料

定质量做加法这一不必要的步骤。

（2）搅拌

用搅拌杆将所配物料搅拌均匀，搅拌时间为 5～6min。也可采用自动搅拌机搅拌，自动搅拌机的结构如图 7.4 所示。

（3）抽真空

将搅拌后的配胶杯放入抽真空箱中，抽去胶水中因搅拌而形成的气泡（很细微，肉眼不可见）。抽真空箱的结构如图 7.5 所示。

图 7.4　自动搅拌机的结构

图 7.5　抽真空箱的结构

在抽真空的过程中，要注意通过手动控制真空箱进气阀的开关时开时合，以逐渐减小真空箱内的压强，以免将箱内迅速抽成真空，从而造成胶水泡发溢出的工序事故。

箱内抽成真空后，需保持一段时间使胶水的真空状态稳定下来。白光 LED 的荧光胶保持时间为 8min 左右，灌胶的胶水保持时间为 15min 左右。

抽真空之后配胶环节就结束了。配好的荧光胶可用于下一工序——点（荧光）粉（或称点胶）。

2. 自动点粉

点荧光粉（或称点胶）岗位的任务是将融有荧光粉的适量荧光胶覆盖在焊线完成的 LED 灯珠半成品的芯片上，使之能够发出与设计要求的光学参数一致的白光。目前，本工序通常在自动点粉机上进行。本工序使用到的机器设备、测试仪器及附件主要有自动点粉机、胶筒以及光色电参数测试仪（含计算机）等。图 7.6 所示为分立仪器型自动点粉机，图 7.7 所示为整体机器型自动点粉机。

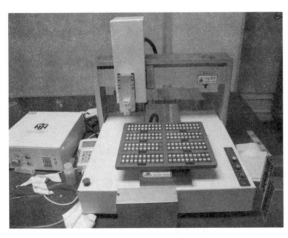

图 7.6 分立仪器型自动点粉机

图 7.7 整体机器型自动点粉机

自动点粉工序包括点粉程序设定、胶筒准备、单支架测试、量产测试和量产运作五个步骤。

（1）点粉程序设定

点粉程序设定类似于自动固晶或自动焊线中的程序设定，即做 PR（也包括三点一线对准）的过程，但由于机器的点粉动作相对固晶和焊线而言较为简单，因此点粉程序设定与固晶和焊线的程序设定相比也较为简单。

设定好程序和参数后，就可以按步骤进行点粉操作了。下面以分立仪器型自动点粉机的自动点粉过程为例进行说明。

（2）胶筒准备

卸下自动点粉机上的胶筒，清洗干净，倒入上一工序配胶配好的荧光胶，接上自动点粉机的气管，将出胶嘴处的空气排干净。

（3）单支架测试

根据生产任务单指定的波长即色温范围，设定好大致的通气时间（影响胶量的多少）。将自动点粉机设定成手动单步模式，每次对单个支架进行点粉，用光色电参数测试仪测试单个支架的光学特性，调整通气时间，直至在光色电参数测试仪上光色电参数测试通过，确定初步的通气时间。

（4）量产测试

在自动点粉机上，对一片支架（含 20 个）自动运作进行点粉，但点完该片支架后需停下，并在光色电参数测试仪上对该片支架上的每一个支架进行光色电参数测试，如果大部分支架的粉量均合格，则可进行量产运作。如接近一半支架的粉量不合格，则需调整通气时间再重新测试，直到大部分支架的粉量合格为止。

（5）量产运作

让自动点粉机进行量产运作，同时在适当的时候手工放入未点粉的支架，以及取出点好粉的支架。每点完四片左右支架的时候，取出一片支架让补粉人员马上实时测试整块支架中各支架粉量是否符合要求，必须保证大部分支架风量符合要求，如接近一半支架不符合要求，则需实时调整通气时间，使粉量达到正常。

3. 补粉

由于事物的随机性，自动点粉机点粉后，整片支架中不可避免地会有若干个支架的粉量超出正常的设定范围，可能多也可能少。因此，必须通过补粉环节，对自动点粉后的每一片支架，均利用光色电参数测试仪进行测试，对其中粉量不合格的支架进行人工补粉操作。粉量多的支架需要用补粉针去除多余的荧光胶，粉量少的支架需要用补粉针添加一些荧光胶，直到该片支架上的每一个支架的粉量均符合要求。补粉工序仪器设备如图 7.8 所示。

由于所需添加和去除的粉量非常细微，因此补粉工作需要细心操作。

补粉后的支架需要进烤箱烘烤，以除湿及固化。烘烤的温度为 150℃，时间

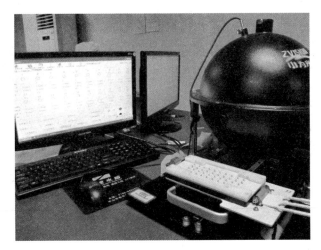

图 7.8 补粉工序仪器设备

为 120min。

4. 盖透镜及压边

本工序包括盖透镜和压边两个环节。其主要任务是将透镜盖在已经补好粉的支架上,并将盖好的透镜的底边压紧。

盖透镜操作是在自动盖透镜机上进行的,其操作较为简单。自动盖透镜机一般分为两种类型,一种是分立透镜型,另一种是透镜片型(见图 7.9)。而分立透镜型机器中,透镜是一个一个分立的,机器需将透镜一个一个地盖到支架片上;透镜片型则是若干个(一般为 20 个)组成一个透镜片,与支架片对应,机器可一次性地将透镜片中的 20 个透镜盖在 20 个支架组成的支架片上,提高了生产效率。

压边操作是在自动压边机上进行的,其操作也较为简单。自动压边机如图 7.10 所示。压边机参数设定主要有温度(一般可设为 220℃),以及压边时间(一般可设为 3.5s)。

由于以上两岗位的操作较简单,因此属于产线后工序(封胶与分光检测)中的普通型通用岗位。

5. 灌胶

灌胶工序的任务是在盖好透镜并压好边的支架中灌入硅胶(A、B 胶),以对芯片、金线等灯珠内部结构进行必要的保护,并自然形成会聚光线的透镜。前

<table>
<tr><td>a) 分立透镜型</td><td>b) 透镜片型</td></tr>
</table>

图 7.9　自动盖透镜机

图 7.10　自动压边机

一工序盖透镜只是盖上了一个透镜壳，只有灌入硅胶，才能形成透镜。

　　根据不同类型的 LED 封装过程，灌胶工序有着较大的不同。下面以贴片式的大功率 LED 为例，说明灌胶工序的主要原理和步骤。

　　灌胶是在半自动的灌胶机上进行的，压好边的支架，其透镜的底部有两个小孔，一个用于进胶，另一个用于出气。操作时，首先将灌胶筒的气管接通灌胶机主机，将灌胶筒的针头插于进胶孔上，脚踏灌胶机的气压开关即可起动灌胶，待灌满透镜腔后，松开脚踏即可停止灌胶。多余的胶水用抹布擦除。

如果手部操作熟练之后，可以起动灌胶机的半自动模式，即设定灌胶机的喷胶周期，令其周期性地喷胶，从而可以省去脚部的动作。灌胶设备与操作如图 7.11 所示。

a) 手动   b) 自动

图 7.11 灌胶设备与操作

此外，也可采用自动灌胶机进行自动灌胶操作，每次可灌一个支架片（20个支架），但自动灌胶之后，仍需要进行手动的补胶操作才能确保灌胶合格。

灌胶后的支架，需要进烤箱中分以下三个阶段进行烘烤：

1）在烘烤温度 100℃ 下，进行时长 60min 的烘烤，称为"短烤"。

2）仍在烘烤温度 100℃ 下，进行时长 240min 的烘烤，称为"长烤"。

3）长烤后的支架待其在停止烘烤的烤箱中温度自然回落到 80℃ 以下，就可取出并进行下一工序。

任务三　掌握灌胶机操作规程及维护保养

1. 灌胶机操作规程

自动混合灌胶机是根据常温固化双组份胶的特点，将两种液态物料按一定比例定量自动混合、定量吐胶的专用设备。其操作步骤如下：

1）灌胶前先将设备接通 220V 电源，打开电源开关。检查压力表（左侧）、电压表（指示 220V 左右）的工作情况是否正常。调节气压表（面板左侧）上的旋钮将压力设定为 0.5~0.6MPa。

2）目前 A 泵和 B 泵的转速比为 8.9∶10，查看 A 泵转速与 B 泵转速是否成比例（根据灌胶需要可设置 A 泵转速和 B 泵转速），不同厂家的胶水比例不同，应重新计算。测试气动阀门工作是否正常。

3）加胶有两种方式，第一种通过 A 桶、B 桶的注胶口加入，首先打开注胶盖，人工将 A 胶倒入 A 桶，B 胶倒入 B 桶，倒完后盖严注胶盖，进入下一步抽真空操作。第二种利用真空泵吸入胶时，先将 A、B 桶吸胶口阀门关闭，关好注胶盖，并将干燥剂处的阀门关闭，打开 A、B 桶上方的 A 阀和 B 阀，接通真空泵，使真空达到后关闭真空泵并关闭 A、B 桶上方的 A 阀和 B 阀，将 A 桶吸管放入 A 胶桶，B 桶吸管放入 B 胶桶，禁止放错，打开吸胶口处的阀门。加胶水时主管要在现场监督。

4）准备 A、B 两空纸杯，先用电子秤称重并记下 A、B 杯的重量，然后将 A 泵转速设为 35.6，B 泵转速先置零，设定吐胶时间 t，取下密封帽，把喷头上的黄油擦干净，起动吐胶按钮，用 A 纸杯接住吐出胶，用电子秤称出 A 泵吐胶重量；然后再设置同样的时间，A 泵停止，B 泵转速设置为 40 出胶，对 B 泵吐出胶称重；最后算一下重量比，看一下比例是否为指定的比例，（注：A 胶与 B 胶质量配比为 1∶1）。将 A 胶和 B 胶分别倒入 A 桶和 B 桶，然后打开桶底部的阀门，安装混合器。

5）灌胶时注意观察吐胶总量是否保持一致，混合好的胶是否均匀一致，液位显示是否偏少，气压是否过低报警。在灌胶时出现异常情况应按吐胶急停键。

6）机器停止灌胶。

7）灌胶结束后，应尽快清洗混合器，安装密封盖，并向静态机头加黄油。

8）关闭进气阀接通真空泵，将胶水中的气泡抽出，查看胶水观察管气泡向上排出。将进气阀打开，缓慢放气并打开。待罐内外气压相等时将进气阀彻底打开，同时将压力泵的 A 阀和 B 阀打开，按照 1）~4）的操作规程继续灌胶。灌胶完成后，将胶水混合器取下浸泡并擦拭干净，将喷头上的胶水擦净，把密封帽（内置 1/3 黄油）按在喷头处。

关闭进气阀，关闭电源，打扫设备卫生。

2. 灌胶机维护保养

1）每天用电子秤对第一次配胶流出的胶称重，比对设定值是否一致。

2）A、B 桶加胶时，需主管在场，避免加错胶的情况发生。

3）储料桶及管道必须密封好。

4）齿轮和静态机头定期加注黄油，齿轮每周至少加油一次。

5）每星期清洗一次过滤网。

6）当硅胶干燥剂完全变成白色后，将其放入120℃的烘箱中烘2h，待颜色变成蓝色后循环使用。

7）自动灌胶机有加热功能，在冬天气温较低时使用，温度一般设定于25～30℃。加热期间要同时起动搅拌功能。

8）如使用过程中机器发生异常，应立即关掉主机电源，并报告设备部进行维修。

习题与思考

1. 简述封胶岗位的工序流程。

2. 补粉工序中应用的是什么色度系统？简述补粉的基本原理。

3. 灌封胶的常见问题是什么？

项目八　分　　光

学习目标与任务导入

分光属于成品检测的范畴，但由于分光是 LED 产品特性参数检测和区分的重要环节，加上自动分光机的操作也是 LED 封装行业生产线上重要的岗位，而且对应着不同类型的 LED 产品，分光过程以及分光后的包装也有着较大的差异，因此，通常仍然将分光界定为 LED 封装中一个重要的生产线操作岗位。

在大功率 LED 封装生产线中，分光与包装岗位群包括拨料、自动分光、包装三个工序。

任务一　认识七种 LED 光源分光分色技术

当今社会，随着 LED 应用产品尤其是半导体照明产品对大功率 LED 的需求量急增，对 LED 的品质要求也越来越高。工业界目前有七种常用有效的 LED 光源分光分色技术，介绍如下：

1）光通量分档：光通量值是 LED 用户很关心的一个指标，LED 应用客户必须要知道自己所使用的 LED 光通量在哪个范围，这样才能保证自己产品亮度的均匀性和一致性。

2）反向漏电流测试：反向漏电流在载入一定的电压下要低于要求的值，生产过程中由于静电、芯片品质等因素引起 LED 反向漏电流过高，这会给 LED 产品应用埋下极大的隐患，在使用一段时间后很容易造成 LED 死灯。

3）正向电压测试：正向电压的范围需在电路设计的许可范围内，很多客户设计驱动发光管都以电压方式点亮，正向电压的大小会直接影响到电路整体参数的改变，从而会给产品品质带来隐患。另外，对于一些电路功耗有要求的产品，则希望保证同样的发光效率下正向电压越低越好。

4）相对色温分档：对于白光 LED，色温是行业中用得比较多的表征其颜色的一个参数，此参数可直接呈现出 LED 色调是偏暖、偏冷还是正白。

5）色品坐标 x、y 分档：对于白光或者单色光都可以用色品参数来表达 LED 在哪个色区域，一般都要求四点 x、y 确定一个色品区域。必须通过一定的测试手段保证 LED 究竟是否落在所要求的四点 x、y 色品区域内。

6）主波长分档：对于单色光 LED 来说，主波长是衡量其色参数的重要指标，主波长直接反映人眼对 LED 的光的视觉感受。

7）显色指数分档：显色指数直接关系到光照射到物体上物体的变色程度，对于 LED 照明产品这个参数就显得非常重要。

针对以上要点，我们可以根据实际情况采用多种方案进行有效的分光分色，可以通过专业的大功率 LED 分光分色机进行自动分档，效率高，速度快，可以做到对每一颗 LED 分光分色，是从测电压到漏电流再到光通量以及到光谱多道工序大量人工配合进行品质把控和分档的一种方法。

任务二　掌握拨料工序

拨料是使每一个支架从整个支架片框架中分离出来的过程，是针对贴片式支架大功率 LED 的一个工作环节。在直插式支架 LED 的生产中，与之相对应的是切脚，即半切、全切等工序。

拨料通常是在半自动的拨料机上进行的，机器对整个支架片操作，将每一个支架和支架片相连接的部分同时压拨断裂，从而使各支架从支架片上分离出来，形成一个一个的 LED 灯珠，这时的 LED 灯珠，实际上已经是成品。但还需要通过分光工序的检测使之按照性能进行分类，以满足各种不同的客户要求。图 8.1 所示为拨料机与拨料操作。

由于大功率 LED 分光机通常使用料条来送入待分光的 LED 灯珠，故在拨料这一环节中，还包含手工将拨料后的每个 LED 灯珠，按照相同的正负极性排列装入空料条的过程，每条料条装入固定数量的灯珠（例如 50 颗）。

图 8.1 拨料机与拨料操作

　　本工序的要点是放入料条中的灯珠极性排列一定要相同,否则将加大下一个工序——自动分光的返工率。

任务三　掌握自动分光工序

　　分光是将前面各工序生产出来的 LED 灯珠按照其光通量(亮度)、波长(或色温)以及电学特性进行检测和分批,以将某一批次的产品划分为本批次合格品、等外品以及次品的过程。本批次合格品是指光色电参数完全达到本批次生产任务单要求的产品;等外品是指特性参数和本批次的生产任务单要求有一定的出入,但仍属于合格品范畴,可先库存,待以后有客户需要用到该特性参数的产品时即可作为该批次合格品出厂;次品是指光色电参数中有明显缺陷的产品,例如各种原因所导致的不亮、颜色和设计要求差异大、亮度明显不足等。

　　分光工序一般在自动分光机上进行。自动分光机是一种能自动对 LED 灯珠进行光色电特性参数在线批量检测的机器,大功率 LED 自动分光机的外观结构如图 8.2 所示。

　　在理想的情形下,只要在拨料工序后,通过人工方式装满 LED 灯珠料条与自动分光机的进料单元,预先安装好出料口处的空料条,及时取出各出料单元的已分光的满料条,并将其送到包装环节即可,机器会自动完成分光过程的运作。

　　但实际上,由于机器本身的运作过程存在着很多不确定的因素,加上生产中采用的 LED 支架,在尺寸上总会有一定的误差范围,因此,物料在分光机上运

图 8.2　大功率 LED 自动分光机的外观结构

行的整个过程中，不可避免地会在机器的各个衔接处出现卡料而发生被动暂停的现象，需操作人员及时手工处理。

因此，分光操作员的主要操作包括：设定自动分光机的日常分光参数，装待分光料条，处理被动暂停，更换出料口的满料条、空料条以及已分光满料条送临时包装袋等。其操作要点简介如下。

（1）分光参数设定

分光参数设定是分光工序的重要操作内容，其具体任务是在自动分光机配套的分光软件的设置界面中，通过输入波长、色品坐标、工作电流、光通量、正向电压等参数的各区域允许值而使自动分光机将某一批次的 LED 灯珠按照设定的参数进行分批。分光参数设定的相关规定和要求可因各企业的不同而有所差异，但其主要内容均是对产品划分出波长、色品坐标、工作电流、光通量、正向电压等参数的不同范围并依次分级和命名。

自动分光机软件的主界面如图 8.3 所示，在主界面的"系统设置"子菜单中，选取"参数设置"菜单项即可唤出参数设置界面，在参数设置界面中即可进行各项参数设置。主界面的文件子菜单的菜单项还可实现保存和读取当前的参数设置，以及将当前分光统计数据导出成 Excel 文件。

在"参数设置"的子菜单中即可实现色品坐标、工作电流、光通量等参数的设置，如图 8.4 所示为主要参数色品坐标的设置界面图，在该界面中，可对色

品坐标的 x 和 y 参数值进行设定，划定出分光的各个不同区域。其余参数的设定类似，设定分光参数后，即可起动分光机自动分光功能进行自动分光。

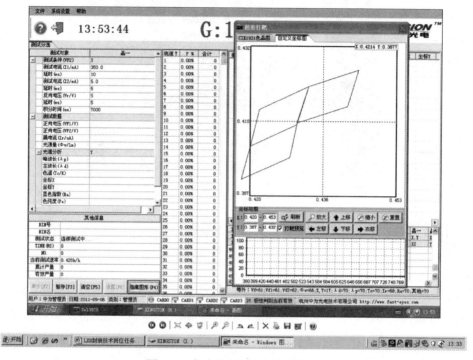

图 8.3　自动分光机软件的主界面

（2）装待分光料条

装料条操作的关键点是按照料条中灯珠的正确极性方向（负极朝上），将料条放置在进料单元处，否则自动分光机将无法对该料条中的灯珠进行分光。

在装料条时，如果生产过程中机器出现卡料而被动暂停的次数很少，可以一次装入多条料条。否则，如果机器被动暂停较多，则装料条时应该一条一条地装，待上一料条分光完毕再装入下一料条。以免在发生卡料时，自动分光机的进料识别系统误认为是上一料条已处理完毕而去抓取下一料条，从而造成上一料条中的灯珠散落而影响整个分光工作的效率。

（3）处理被动暂停

被动暂停主要由以下两个原因造成：

1）卡料。

卡料的主要原因之一是支架尺寸的不标准，尤其是某一批次的支架尺寸较

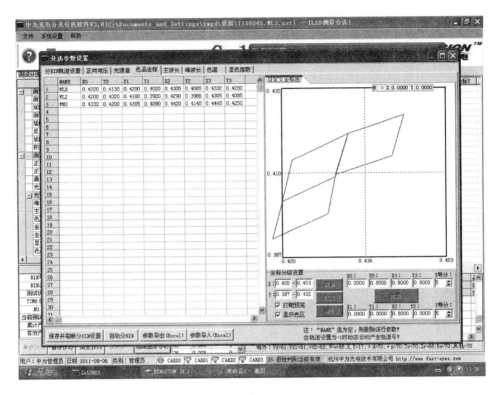

图 8.4 主要参数色品坐标的设置界面图

大，则容易造成在导轨中的某一段移动受阻，从而使系统发生暂停。

处理方法：用手扳或钝针捅的方法使之恢复移动而解决暂停。经常发生暂停的地方主要是进料槽以及各型号 LED 的出料槽处，处理后即可解除暂停。

处理卡料而造成的被动暂停通常需要将挡板扳下，或将分光积分球拉出。

2）某一型号 LED 出料槽处的料条已满。

处理方法：将其取出，塞好端口后放入相应 LED 型号的装袋中。在机器上相应型号 LED 出料槽处更换上新的空料条后，暂停即可解除。

习题与思考

1. 工业界有哪七种常用有效的 LED 光源分光分色技术？

2. 什么叫光通量分档？

3. 什么叫相对色温分档?

4. 自动分光机的参数如何设定?

5. 拨料工序有哪些?

6. 自动分光工序有哪些?

7. 造成自动分光机被动暂停的原因有哪些? 应该如何处理?

项目九　LED 光色电检测

学习目标与任务导入

经封装工序得到 LED 灯珠后，作为一种新型光源，实际应用中还要根据需求配置适当的灯具，其具有各种各样的特性参数，不同的应用场合对各种参数的要求各不相同，本章将介绍 LED 的光、色、电、热等参数及其常用的测量设备和测试方法。

任务一　认识 LED 的测试参数

LED 常见的测试参数见表 9.1。

表 9.1　LED 常见的测试参数

参数类型	基本参数	符号	单位	基本定义
光参数	光通量	Φ	流明（lm）	光源在单位时间内发出的能量（其中人眼所能感觉到的）
	发光强度	I	坎德拉（cd）	光源在指定方向的单位立体角内发出的光通量
	光照度	E	勒克斯（lx）	被光均匀照射的物体，在单位面积上得到的光通量
	峰值波长	λ	纳米（nm）	光谱辐射功率最大的波长
	半强度角	$\theta_{1/2}$	度（°）	最大发光强度一半所对应的角度
	最大光强角	θ_{m}	度（°）	取得最大光强值所对应的角度
	光通量效率	η	流明每瓦（lm/W）	LED 发射的光通量与其电功率的比值

（续）

参数类型	基本参数	符号	单位	基 本 定 义
色参数	光谱光视效率函数	$V(\lambda)$		人眼对各种波长光的平均相对灵敏度
	色品坐标	(x,y)		根据光谱功率分布 $P(\lambda)$ 曲线，用分光光度法求和来近似积分
	主波长	λ	纳米（nm）	任何一个颜色都可以看作用某一个光谱色按一定比例与一个参照光源（如 CIE 标准光源 A、B、C 等，标准照明体 D_{65} 等）相混合而匹配出来的颜色，这个光谱色就是颜色的主波长
	显色指数	Ra		光源对物体本身颜色呈现的程度称为显色性，光源显色性由显色指数表明，表示物体在光下颜色比基准光（太阳光）照明时颜色的偏离，CIE 把太阳的显色指数定为 100
	光谱半宽度	$\Delta\lambda$	纳米（nm）	相对光谱能量分布曲线上，两个半极大值强度处对应的波长差
	色温	T	开尔文（K）	以热力学温度（K）表示，即将一标准黑体加热，温度升高到一定程度时颜色开始由深红—浅红—橙黄—绿—蓝逐渐改变，当加热到与光源颜色相同时，将黑体当时的热力学温度称为该光源的色温
	色纯度	P		样品颜色接近主波长光谱色的程度表示该样品颜色的纯度
电参数	正向电流	I_F	安培（A）	LED 正常发光时的正向电流值，由 LED 芯片决定
	正向电压	V_F	伏特（V）	通过发光二极管的正向电流为确定值时，在两极间产生的电压降
	最大反向电压	V_{RM}	伏特（V）	所允许加的最大反向电压。超过此值，发光二极管则出现反向电流突然增加而导致击穿损坏现象
热参数	结温	T_j	摄氏度（℃）	在工作状态下，pn 结的温度
	热阻	R_{th}	摄氏度每瓦（℃/W）	在热平衡条件下，导热介质在两个规定点处的温度差，即热源
	温度系数	K	摄氏度每毫伏（℃/mV）	材料的物理属性随着温度变化而变化的速率

　　LED 在生产后要根据应用要求进行参数测试，针对 LED 光、色、电、热等参数，主要使用 LED 光色电综合测试系统、荧光粉激发光谱与热猝灭分析系统和 LED 热阻结构分析系统三个设备进行检测。

任务二　掌握 LED 光色电综合测试系统的使用方法

一、功能简介

　　ZWL-9200 型光色电综合测试系统是一款针对 LED 光通量、色温、波长、显示指数、色纯度、电流、电压、电功率、光效率等全性能的检测设备。通过模拟视觉函数对不同颜色的谱线自动修正，达到最精确测试，且对不同功率 LED 测试速度都在 ms 级，所有测试条件符合 CIE 相关标准。

（一）技术参数

测试系统技术参数见表 9.2。

表 9.2　测试系统技术参数

参数类型	功　能	参数范围	精　度	分　辨　率
电参数	正向电压测量	1.000~45.000V	≤5V：±0.2%键值+0.01V >5V：±0.2%键值	0.015V
	驱动电流	0~5A	≤300mA：±0.2%键值+0.001A >300mA：±0.2%键值	<1.5A，分辨率 0.001A ≥1.5A，分辨率 0.003A
光参数	光通量测量	0~4000.00lm	3%f. s.	0.001lm
色参数	波长范围	380~780nm （可扩展测紫外、近红外）	波长<600nm，精度 0.4nm； 波长>600nm，精度 1.0nm	0.19nm
	显色指数	0~100	1	1
	色品坐标	X、Y 和 U、V	0.003	0.0001
	色温	1300~25000K	0.05%f. s	1K

（二）工作环境

1）环境温度：（23±5）℃。

2）相对湿度：（55±25）%。

3）电源电压：（220±11）V。

4）电源频率：50~60Hz。

5）空间环境：无强烈的机械振动、冲击、强电磁场。

（三）测试系统主要仪器及使用

此测试系统主要由测试系统柜、积分球和计算机测试软件组成，其中，大积分球适用于灯具光色电综合测试，小积分球适用于灯珠光色电综合测试。LED 光色电综合测试系统如图 9.1 所示。

图 9.1   LED 光色电综合测试系统

（四）测试系统柜及使用

测试系统柜包括测试主机、数显功率计、高精度直流稳压电源、交流稳压电源。机柜仪器及主要接口示意图如图 9.2 所示。

1. 测试主机的使用

（1）前面板介绍

如图 9.3 所示为测试主机前面板，前面板上的快捷键有"设置""确认""←""校零""光强""光通量""漏电流""曲线"以及"数字键"和电源开关按钮。

各快捷键的主要作用如下：

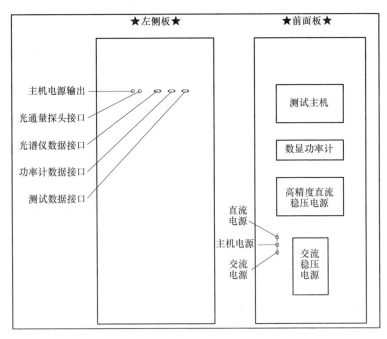

图 9.2　机柜仪器及主要接口示意图

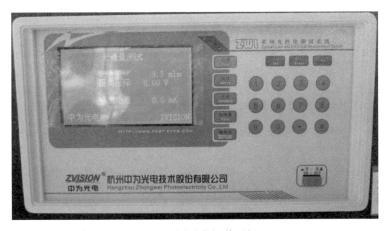

图 9.3　测试主机前面板

1）"设置"：可以用来设置检测标准或设置积分球的型号。

2）"确认"：对之前的输入数值或者选择项的确认。

3）"←"：在光强、光通量及漏电流状态下，用于清除当前电流或电压值，使其处于数值输入状态（出现下划线且无数值）。

4)"校零":仪器零点校准。

5)"光强":切换到光强测试模式。

6)"光通量":切换到光通量测试模式。

7)"漏电流":切换到漏电流测试模式。

8)"曲线":切换到曲线测试模式,此功能需要上位机控制进行。

9)"数字键":改变电流或电压的数值大小,最后要按"确认"键。

10)"#":这里用来做 5V/24V 电压软切换,每按一次改变一次。

注:此测试主机无光强、曲线功能。

(2)测试主机操作说明

1)校零。

在光通量测试模式下,如果当前显示的光通量数值不为零(允许是个较小的数值),则需要对机器进行校零,操作如下:让灯具处于非点亮状态;按下主机前面板的"校零"快捷键;在提示"校零完成"后,自动恢复到之前的状态。

2)光通量测试。

测试前把主机切换到"光通量测试"模式,并确认积分球装置已经连接到测试主机,等待灯具点亮即可进行测试,这时主机界面显示如图 9.4 所示(若没有点亮灯具,正向压降应该是 24V 左右)。

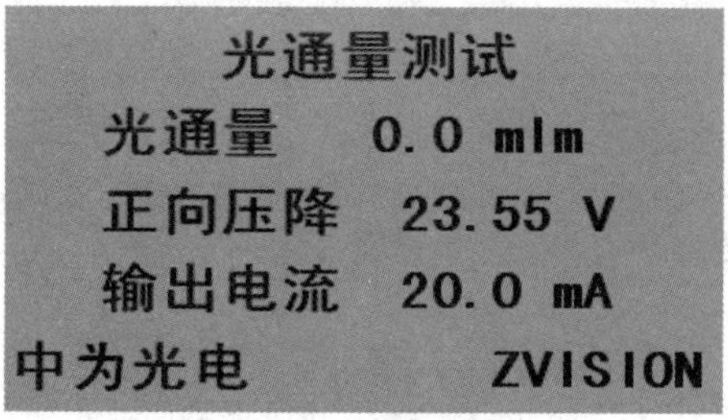

```
       光通量测试
光通量      0.0 mlm
正向压降    23.55 V
输出电流    20.0 mA
中为光电           ZVISION
```

图 9.4 主机界面显示

在测试界面下按"←"键清除当前电流值,再按数字键输入需要的电流值,最后按"确认"键使设置生效。本仪器可任意设定输出电流值(输出范围为 0~1500mA),以适应不同的测试项及不同的灯具的测试需要。

在进行光通量测试时,有三种积分球型号可以选择,可根据需求进行选择,使用前需要进行校准(使用校准软件)。在"光通量测试"模式下,按"设置"

键后的界面如图9.5所示。

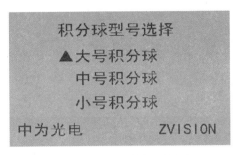

图9.5　按"设置"键后的界面

然后按"←"键上下移动光标进行积分球型号的选择，最后按"确认"键。

2. 功率计的使用

（1）仪器前面板

功率计的仪器前面板如图9.6所示。

图9.6　功率计的仪器前面板

（2）使用方法

若被测量为交流（AC），按"AC/DC/·"键，使面板右侧的"AC"指示灯亮，表示测量交流（AC）。

若被测量为直流（DC），或交直流（AC+DC），按"AC/DC/·"键，使面板右侧的"DC"指示灯亮，表示测量直流（DC）或交直流（AC+DC）。

注意：仪器在预热15min后，方可进入稳定状态；切断仪器电源后，应等待10s以上才能再次上电，严禁在短时间内反复开关电源，这会缩短仪器寿命，并有可能引起仪器故障。在当天测量完毕后，关闭仪器电源，并拔下插头，以防可能的雷击造成仪器的损坏。

用户一般使用时只需按电源开关即可，其他厂家已设置好。

3. 数控电源的使用

数控电源有两种，分别是直流和交流数控电源，仪器前面板分别如图 9.7 和图 9.8 所示。

图 9.7 直流数控电源仪器前面板

图 9.8 交流数控电源仪器前面板

数控电源是给测试灯（具）提供电能的仪器设备，在实际应用时只会使用一种数控电源给电灯供电，通过如图 9.9 所示的直流/交流"电源切换"开关更换。例如待测 LED 电灯是交流供电的，则打开交流数控电源开关，同时将"电源切换"先置于空档，然后安装待测试灯（具），安装好电灯后把开关置于对应的交流档。测试完毕后，也要先将"电源切换"先置于空档，然后拆卸待测灯（具）。这个程序要特别注意，避免发生触电危险。

用户一般使用其中任一种数控电源时只需按电源开关即可（交流数控电源同时要按 START/STOP），其他厂家已设置好。

图 9.9 直流/交流"电源切换"开关

(五) 积分球及使用

积分球又称为光通球,是一个中空的完整球壳,其实是一个光收集器。球内壁均匀喷涂多层白色漫反射材料,如硫酸钡、聚四氟乙烯等,且球内壁各点漫射均匀。将被测光源置于球内,其所发出的光线在积分球内部经过多次漫反射后光线均匀分布在球内部,然后漫反射后被光电探测器接收(光电探测器前方有一个遮光板,遮光板表面的属性与球体内表面的材料属性是相同的,都能产生漫反射效果,这个挡板的作用是为了避免 LED 光源发出的光线直接照射到探测器上,使得测量不准确)。

积分球的直径规格有大小之分,根据测试光源大小不同和应用场合不同而选择,常见的直径为 0.3m 的积分球常用于测试灯珠,直径为 1.5m 的积分球常用于测试各种各样的灯具,它们的用法及连线相同,只是各自夹具略有不同。

(1) 积分球的结构

以直径为 0.3m 的积分球为例,积分球的结构图如图 9.10 所示,其主要由光纤安装孔、光电探测器安装孔、遮光板、LED 电源接口所组成。

(2) 使用操作注意事项

1) 在安装积分球时,一定要小心搬运,防止球体受损变形或内壁涂层受损。

2) 在日常使用中,尽量保持球体内部清洁,防止涂层污损和受潮腐蚀。

3) 在使用积分球进行测试的过程中,尽量避免在球内放置遮挡物和有色物体(中性白色除外)。

4) 测试前,系统柜的输出接口和积分球电源输入接口接线要特别注意。安

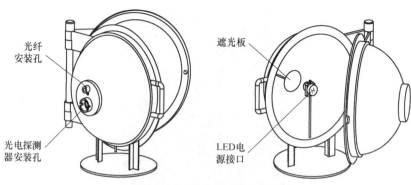

图 9.10　积分球的结构图

装 LED 光源应注意正负极，如图 9.11 所示。

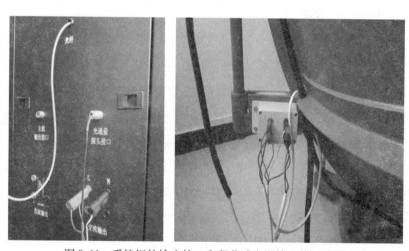

图 9.11　系统柜的输出接口和积分球电源输入接口接线

系统柜直流输出，是接四根线；若交流输出就只需接两根线即可。积分球电源输入接口，要根据待测光源是什么类型来调整，若是测球泡灯，则按图 9.12所示接四根线，不用调整；若是测日光灯管，注意灯管两端的正负极做适当调整。图 9.12 所示为灯具的安装位置。

（六）计算机测试软件及使用

软件的功能同系统的输入源机构、输出接收机构之间的关系框图如图 9.13所示。

安装好测试软件后，双击 ZWL-9200. exe 文件图标打开，即可启动软件。光色电综合测试软件启动界面如图 9.14 所示。

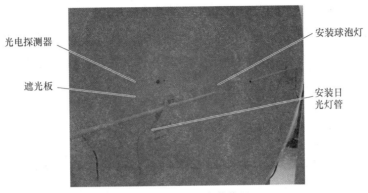

图 9.12　灯具的安装位置

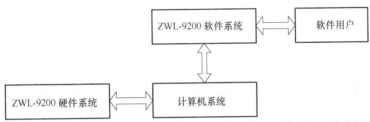

图 9.13　软件的功能同系统的输入源机构、输出接收机构之间的关系框图

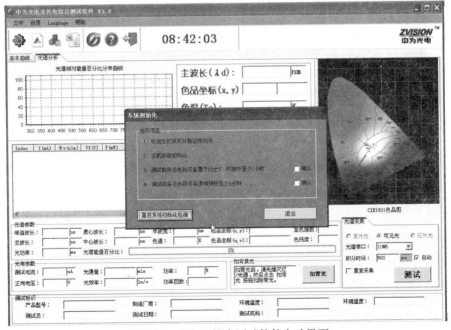

图 9.14　光色电综合测试软件启动界面

软件开启前应该确保 ZWL-9200 主机已经正确连接。单击重启系统初始化检测，检测过程会自动进行，如果发现问题，系统会提示出错，用户根据提示进行相应的操作后，再单击重启系统初始化检测，再次检测系统。第 3、4 点需用户勾选确认对话框，来通过检测。检测通过后，系统会自动关闭系统初始化界面并进入操作界面。

任务三　掌握光色电综合测试的操作流程

1）开系统柜电源开关，如图 9.15 所示，系统柜从上到下依次打开主机、功率计和交流数控电源等各仪器的电源开关，同时数控电源的切换开关置于空档。按主机上光通量按钮。

图 9.15　系统柜电源开关

2）检查系统柜输出接口和积分球输入电源接口接线是否正确，然后安装待测 LED 光源（切记，安装和拆卸光源电源切换开关一律打在空档位置），关闭好积分球。

3）在计算机上打开测试软件，操作测试软件前，用户必须先进行硬件系统和串口的连接。通过初始化检测后进入操作界面。测试流程图如图 9.16 所示。

4）测试设置。在主界面中点选基本曲线，此时所有菜单和快捷按钮都对应到基本曲线的操作。然后在菜单中单击设置→测试设置，或直接单击快捷按

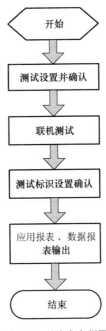

图 9.16　测试流程图

钮的"测试设置"，即可打开基本曲线的测试设置界面。操作过程如图 9.17 所示。

完成所有参数设置后，单击"确认设置"，即完成测试设置，设置的参数值显示到基本曲线的显示界面上。

打开光谱分析的测试设置界面。设置过程如图 9.18 所示。

电参数设置页面说明：

ZWL-600 支持恒流输出，ZWL-8105 支持恒压及恒流输出。不论在何种供电

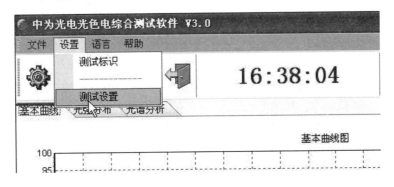

图 9.17　打开基本曲线的测试设置界面的操作过程

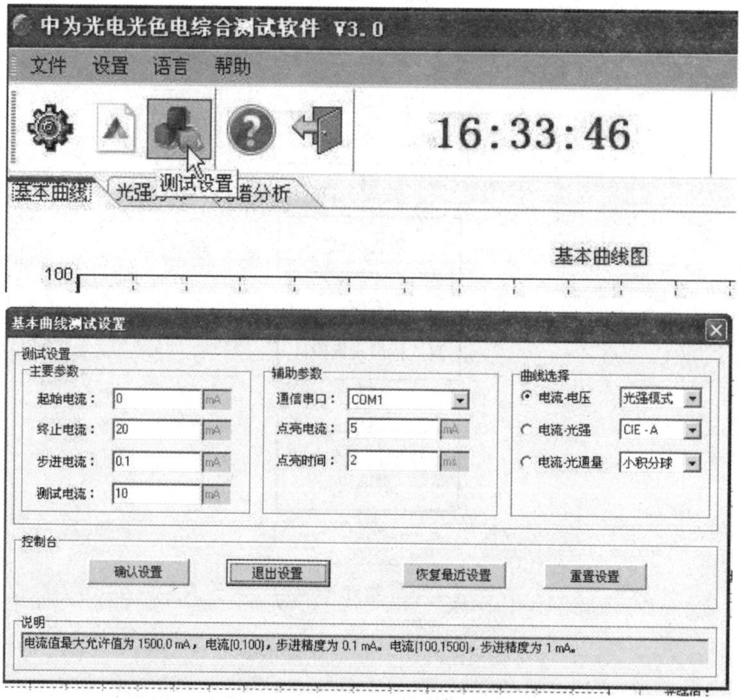

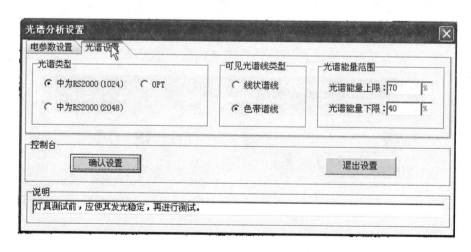

图 9.17　打开基本曲线的测试设置界面的操作过程（续）

方式下，勾选读光通量都会从 ZWL-600 主机读取光通量。

ZWL-600 通信串口自动匹配，不需要用户选择，其他串口需要用户选择。

图 9.18　打开光谱分析的测试设置界面的设置过程

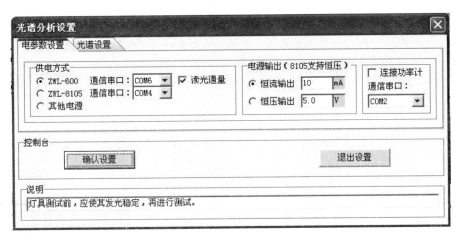

图 9.18 打开光谱分析的测试设置界面的设置过程（续）

勾选"连接功率计"，挑选好通信串口，其他设置都为 0。

5）联机测试。参数设置完毕后，即可进行联机测试，具体操作为：单击菜单文件→联机测试或直接单击快捷按钮的"联机测试"，也可单击主界面中的测试按钮。如图 9.19 所示。

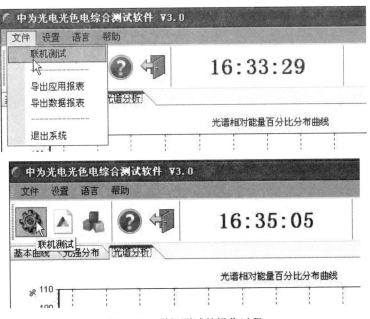

图 9.19 联机测试的操作过程

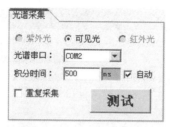

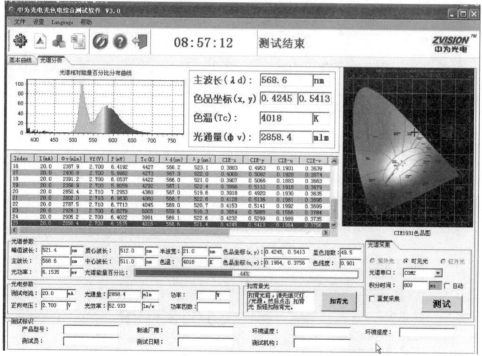

图 9.19　联机测试的操作过程（续）

6）测试数据报表导出。测试完成后，用户可根据需要进行应用报表、数据报表的打印，通常采用导出 PDF 格式文件的测试报告，保存好电子档数据文件，灯具光色电测试系统测试报告如图 9.20 所示。

其中测试报告里的"测试标识"内容可在测试设置步骤里进行内容添加。

7）关闭测试软件，系统柜切换到空档位置，拆卸 LED 光源，关闭好积分球，系统柜从上到下依次关闭仪器开关，最后关闭系统柜电源总开关。

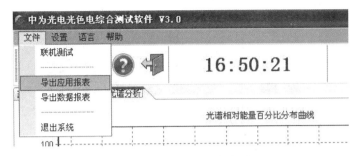

灯具光色电测试系统测试报告

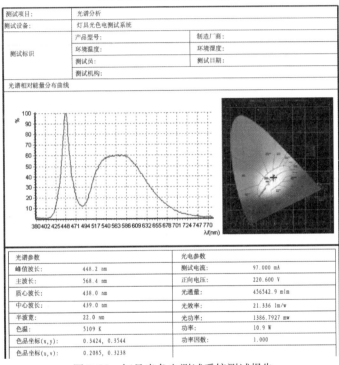

测试项目:	光谱分析		
测试设备:	灯具光色电测试系统		
测试标识	产品型号:		制造厂商:
	环境温度:		环境湿度:
	测试员:		测试日期:
	测试机构:		

光谱相对能量分布曲线

光谱参数		光电参数	
峰值波长:	448.2 nm	测试电流:	97.000 mA
主波长:	568.4 nm	正向电压:	220.600 V
质心波长:	438.0 nm	光通量:	456542.9 mlm
中心波长:	439.0 nm	光效率:	21.336 lm/w
半波宽:	22.0 nm	光功率:	1386.7927 mw
色温:	5109 K	功率:	10.9 W
色品坐标(x,y):	0.3424, 0.3544	功率因数:	1.000
色品坐标(u,v):	0.2085, 0.3238		

图 9.20 灯具光色电测试系统测试报告

习题与思考

1. LED 灯具检测设备都有哪些?

2. 光谱仪和积分球系统可以测试 LED 的哪些参数?

3. LED 光色电参数综合测试仪的主要功能和特点有哪些?

4. 光色电综合测试系统的操作流程是怎样的?

项目十　荧光粉测试

学习目标与任务导入

荧光材料的特点是：在特定波长的光辐射激发下，能发出具有一定光谱分布的光辐射，通常称这种特点为荧光材料的光致发光。例如，新兴半导体照明行业中的 LED 荧光粉就是一种在一定波长（取决于 LED 芯片）的光辐射激发下，发射出长波段光辐射能量的荧光材料。

荧光材料的另一个特点是光致发光的强度和光谱分布会随着温度而变化。一般来讲，光致发光的强度首先会随着温度的上升而逐渐增加，在达到一定温度后，发射光强会随着温度的升高而降低，出现热猝灭现象；同时光致发光的光谱分布和色品坐标等参数也会随着温度的上升而发生漂移，色漂移程度与荧光材料本身特性有关。

荧光粉激发光谱与热猝灭分析系统基于 GBT 23595—2009、GBT 14633—2010 及 SJ/T 11397—2009 标准，能够测量荧光材料处于不同恒温条件（从室温至200℃）下，受不同波长（200~800nm）的光辐射激发，发射光的光谱功率分布，从而分析荧光材料的最佳工作条件，控制和判定荧光粉的品质。

任务一　认识荧光粉的分析测试方法

（1）发射光谱和激发光谱的测定

把样粉装好后，放到样品室里，选定一个激发波长，做发射光谱扫描，读出发射光谱的发射主峰。给定发射光谱的发射主峰，做激发光谱扫描，读出激发光谱峰值波长。重新装样，测试 3 次，各次之间峰值波长的差值不超过±1nm，取

186

算术平均值。

（2）外量子效率的测定

把样粉装好后，放到样品室里，选定一个激发波长，激发荧光粉发光，利用光谱辐射分析仪测试得到荧光粉的发射光谱功率分布。计算荧光粉在该激发波长下的外量子效率。重新装样，测试 3 次，各次之间的相对差值不大于 1%，取算术平均值。

（3）相对亮度的测定

将试样和参比样品分别装满样品盘，用平面玻璃压平，使表面平整。用激发光源分别激发试样和参比样品。用光电探测器将试样和参比样品发出的光转换成光电流，并记录数值。试样和参比样品连续重复读数 3 次，各次之间相对差值不大于 1%，取算术平均值。

（4）色品坐标的测定

把试样装好放入样品室中。选定激发光源的发射波长，使其垂直激发样品室里的荧光粉样品。利用光谱辐射分析仪按一定的波长间隔（不大于 5nm）测试得到荧光粉的发射光谱功率分布。按 GB 3102.6—1993 中"6.39 色品坐标"的公式求出荧光粉的色品坐标。

重复测试 3 次，各次之间 x、y 的差值均不超过 ±0.001，取算术平均值。

（5）温度特性的测定

把试样装好放入样品室中，于室温下测试其激发、发射主峰波长，相对亮度及色品坐标等。每一试样按测定步骤平行测 3 次，各次之间激发、发射主峰波长的差值均不超过 ±1nm，相对亮度的差值不超过 ±1%，色品坐标的差值不超过 ±0.001。起动加热装置，将被测的荧光粉试样加热并稳定在设定的温度值 10min。稳定在预定的温度下，测定荧光粉试样的激发、发射主峰波长，相对亮度及色品坐标等。每一试样按测定步骤平行测 3 次，各次之间激发、发射主峰波长的差值均不超过 ±1nm，相对亮度的差值不超过 ±1%，色品坐标的差值不超过 ±0.001。冷却荧光粉试样至室温，测试其激发、发射主峰波长，相对亮度及色品坐标等。每一试样按测定步骤平行测 3 次，各次之间以及与加热前相比，激发、发射主峰波长的差值均不超过 ±1nm，相对亮度的差值不超过 ±1%，色品坐标的差值不超过 ±0.001。计算试样在室温与加热时的激发、发射主峰波长，相对亮度及色品坐标变化，得到被测荧光粉的温度特性数据。取荧光粉 2.00g 放到 25mL

的烧杯中，加入 15mL 的去离子水，并放入磁力子。将烧杯放在磁力搅拌器上搅拌 20min 后静置 1h 以上。用快速定性滤纸滤出澄清液体，进行测试。按照 pH 计使用说明书标定仪器，并进行温度补偿。将电极浸入待测溶液，摇动烧杯待平衡后，读出样品的 pH 值。样品连续测试 3 次，各次之间的差值不超过±0.1，取算术平均值。

（6）电导率的测定

取荧光粉 2.00g 放到 25mL 的烧杯中，加入 15mL 的去离子水，并放入磁力子。将烧杯放在磁力搅拌器上搅拌 20min 后静置 1h 以上。用快速定性滤纸滤出澄清液体，进行测量。设定仪器常数和温度补偿系数。把温度传感器和电极放入样品溶液中，摇动液体，当显示稳定时，读取数据。样品连续测试 3 次，各次之间的差值不超过±0.1μs/cm，取其平均值。

（7）粒度分布的测定

称取 0.5~1.0g 的粉体样品放置于盛有 10mL 去离子水的 50mL 烧杯中，加入分散剂 1.0mL，于水浴超声槽中（超声槽中预先加入适量水，水量以刚浸过烧杯中的样品溶液为宜）超声分散 20min，立即测量。依次起动主机电源、进样器电源及计算机测量程序。在分散器中加入分散介质，起动泵系统使之循环于样品池，按仪器说明书的要求设定样品及背景测量时间，开始背景检测，直至仪器显示可以加入样品。调节循环泵转速至合适的转速，用水洗涤仪器进样系统 3 次。取分散好的样品缓慢加入已测背景的分散介质中至测量所需浊度。起动仪器超声装置进行测量，需重复测量 3 次，取其平均值。将仪器进样系统洗涤 3 次后进行下一样品测试。

（8）比表面积的测定

将试样于 105℃烘烤 1h，置于干燥器中，冷却至室温，立即称量。称取已净化干燥过的专用样品管的质量（精确至 0.0001g），用专用漏斗将试样装入样品管中，控制待测试样总表面积在 2m² 以上。独立进行 2 次测定，取其平均值。吸附前，应对试样进行脱气处理。将试料在 200℃真空中加热脱气 2h。

荧光粉的主要特性包括晶体结构、结晶性、发光特性、色度、表面形态、粉体粒径、活化中心价数等。荧光粉的主要特性分析工具及分析内容见表 10.1。

表 10.1　荧光粉的主要特性分析工具及分析内容

分 析 工 具	分 析 内 容
X 光粉末饶射仪（XRD）	荧光粉的纯度和晶体结构
光致发光光谱仪（PL）	荧光粉的激发光谱和放射光谱特性
反射式紫外光/可见光吸收光谱仪	荧光粉的吸收特性并借以研究其能量转换机制
扫描式电子显微镜（SEM）	荧光粉表面形态分析及粒径大小差异
能量分散式 X 光分析仪（EDX）	荧光粉的化学元素组成
X 光吸收近边缘结构（XANES）	荧光粉活化中心之价数

任务二　认识荧光粉激发光谱与热猝灭分析系统

荧光粉激发光谱与热猝灭分析系统全景图如图 10.1 所示。

图 10.1　荧光粉激发光谱与热猝灭分析系统全景图

1. 系统前视图

系统前视图如图 10.2 所示。

1）指示灯：系统电源指示灯、恒温控制指示灯、安全指示灯。

2）舱门：测试时应关上，以免影响测量。

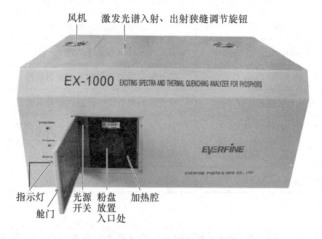

风机　激发光谱入射、出射狭缝调节旋钮

指示灯　光源　粉盘　加热腔
舱门　开关　放置
　　　　　入口处

图 10.2　系统前视图

3）光源开关：激发光源开关，在较长时间不用激光光源时应及时关闭，以延长光源使用寿命。

4）粉盘放置入口处：待测试荧光粉盘应放入其中的槽底部。

5）加热腔：在测试时应注意将门关严实，内部有高温，需注意安全。

6）风机：请保持风机出风口通畅，以使系统有较好的散热效果。

7）激发光谱入射、出射狭缝调节旋钮。

2. 系统后视图

系统后视图如图 10.3 所示。

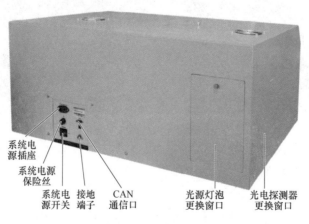

系统电
源插座

系统电源
保险丝

系统电　接地　CAN　　光源灯泡　光电探测器
源开关　端子　通信口　更换窗口　更换窗口

图 10.3　系统后视图

3. 系统分析软件

将厂家提供的应用软件光盘放入光盘驱动器，打开 EX-1000 安装软件，将 CAN 转换器、电源线等连接好，做好测试准备。系统分析软件程序窗口如图 10.4 所示。

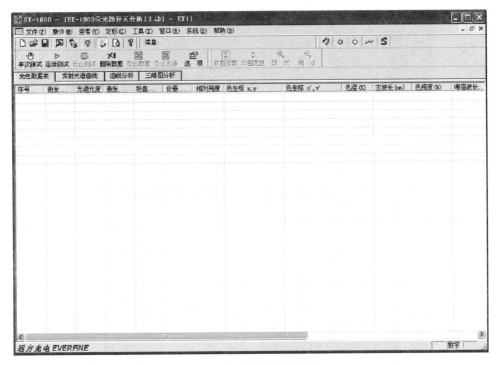

图 10.4　系统分析软件程序窗口

（1）系统设置

在"操作"菜单下单击"系统设置"，进入系统设置对话框（见图 10.5 和图 10.6）。在对话框中设置主机 EX-1000 的通信串行口。温控仪为 CAN 通信时，其地址是 18。

（2）系统控制

在"操作"菜单下单击"系统控制"，即进入系统控制接口（见图 10.7）。

1）激发波长：在"设定激发波长"栏内输入激发波长值，再按确定即可。

2）温度读取及恒温控制：单击"读取温度"测量所有通道的当前温度值。

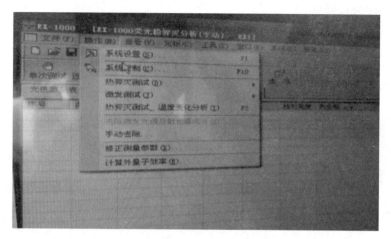

图 10.5 操作菜单

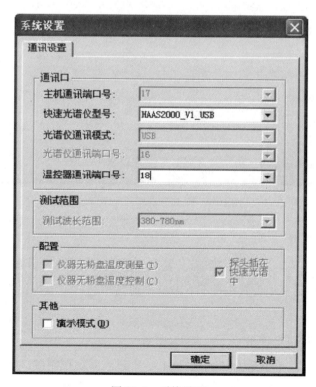

图 10.6 系统设置

3）开温控：按设定的温度调节粉盘温度。注意：温度调节需要较长的时间（20min 或以上）。

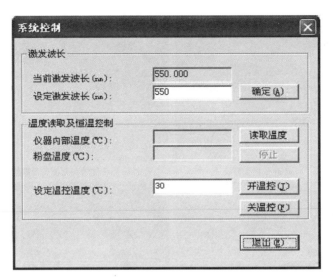

图 10.7　系统控制

4）关温控：关闭粉盘加热控制。

任务三　掌握测试操作流程

1. 测试前的准备工作

（1）做粉盘

做粉盘需要用到的设备和器材，如图 10.8 所示。

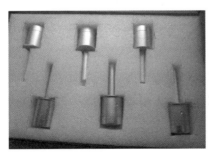

图 10.8　做粉盘需要用到的设备和器材

做粉盘的步骤：旋开粉盘盖子—用小匙将荧光粉装入粉盘—用玻璃压实—玻璃水平移开—盖紧粉盘盖—粉盘做好，如图 10.9 所示。

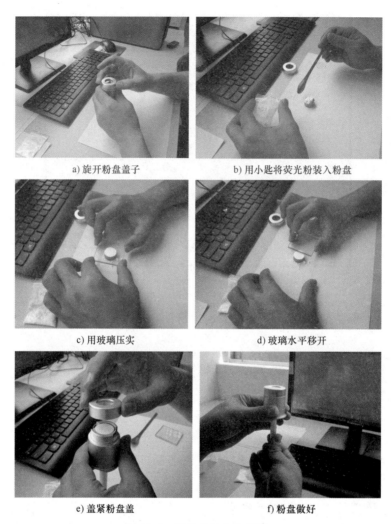

a) 旋开粉盘盖子　　　　　　　　b) 用小匙将荧光粉装入粉盘

c) 用玻璃压实　　　　　　　　　　d) 玻璃水平移开

e) 盖紧粉盘盖　　　　　　　　　　f) 粉盘做好

图 10.9　做粉盘的六个步骤

（2）装粉盘

装粉盘的步骤：打开舱门—旋开加热腔螺丝—放入粉盘至槽底—盖紧加热腔盖—打开激发光源—盖好舱门，如图 10.10 所示。

2. 热猝灭测试

热猝灭测试即直接测试当前条件下的光色参数，当荧光粉温度达到设定的温度后，用户可点亮激发光源，并调整到需要的激发波长位置。

由于仪器降温的时间远远长于加温的时间，所以用户在进行热猝灭测试时应

a) 打开舱门

b) 旋开加热腔螺丝

c) 放入粉盘至槽底

d) 盖紧加热腔盖

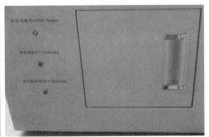

e) 打开激发光源

f) 盖好舱门

图 10.10　装粉盘的六个步骤

从低到高进行试验。

1）单次测试：在"操作"菜单下单击"热猝灭测试"→单次测试（快捷键 F5），测试一次光色参数，自动添加数据至表格中。

2）连续测试：在"操作"菜单下单击"热猝灭测试"→开始连续测试（快捷键 F6），则连续测试当前的光色参数，自动添加数据至表格中。单击"停止连续测试"结束连续测试。

3. 激发测试

激发测试自动在不同激发波长下测试光色参数。在测试前，用户需自行点亮激发光源。

在"操作"菜单下单击"激发测试"→开始测试（快捷键 F3），出现激发测试对话框（见图 10.11）。设定后，单击"测试"即开始测试。在测试过程中可单击"激发测试"→停止测试（快捷键 F4），从而停止测试。

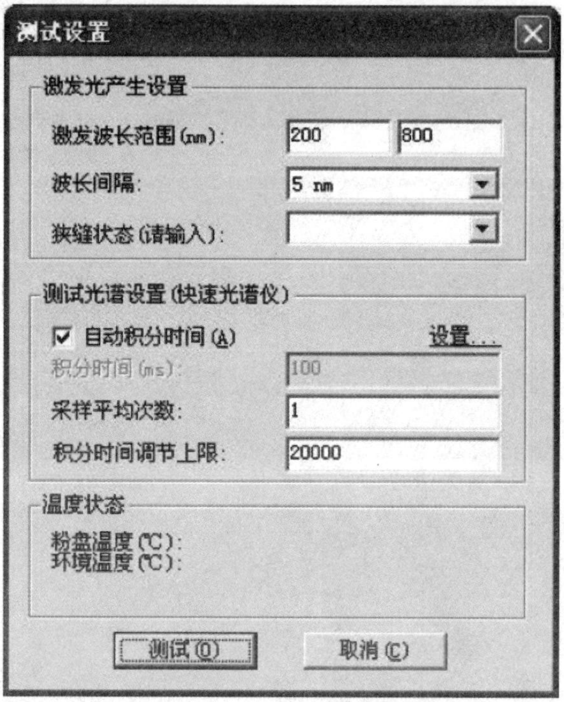

图 10.11　激发测试设置

4. 热猝灭-温度变化分析

热猝灭-温度变化分析功能用于温度变化过程中的光色测试分析，可粗略分析荧光粉在不同温度下的特性，精确的温度特性需用热猝灭测试功能，即在恒温足够的时间后再进行测试分析。在测试前，用户需自行点亮激发光源。

在"操作"菜单下单击"热猝灭-温度变化分析"（快捷键 F2），出现设置对话框（见图 10.12）。设定后，按测试即开始测试。在测试过程中按快捷键 F4 或F7 停止测试。

测试结果分析时，为便于处理，通常要去除激发光谱来进行对比分析，如图 10.13 和图 10.14 所示。

5. 测试结果分析

测试结果通常有光谱曲线、曲线分析和三维图分析三个部分。分别如

图 10.15～图 10.17 所示。

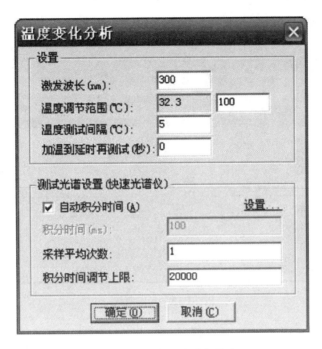

图 10.12　温度变化分析设定

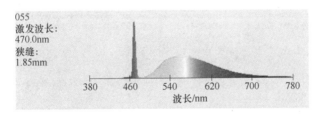

图 10.13　去除激发光前光谱图

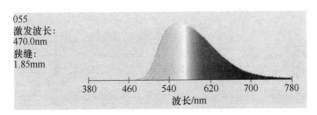

图 10.14　去除激发光后光谱图

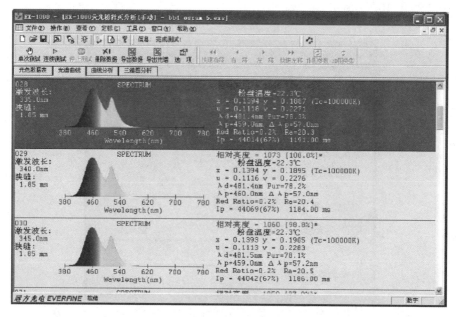

图 10.15 光谱曲线

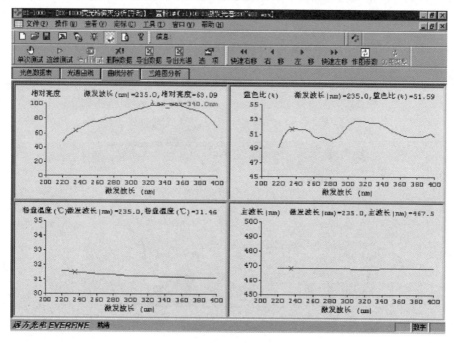

图 10.16 曲线分析

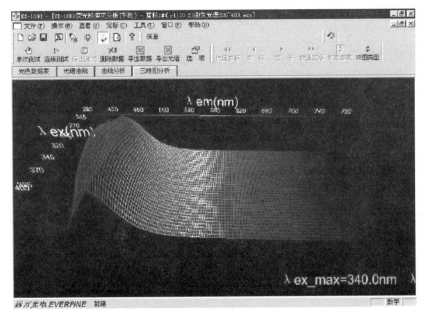

图 10.17　三维图分析

习题与思考

1. 荧光粉的激发光谱测试流程是怎样的?

2. 如何测试荧光粉的外量子效率?

3. 如何测试和计算荧光粉的相对亮度、色品坐标?

4. 荧光粉热猝灭分析系统可以测试哪些参数?

5. 荧光粉热猝灭分析系统的测试流程是怎样的?

参 考 文 献

［1］陈文涛，刘登飞. LED 技术基础及封装岗位任务解析［M］. 武汉：华中科技大学出版社，2013.

［2］陈慧挺，赫崇君，李自强，等. 基于铈钆共掺杂 YAG 单晶荧光片的高光效白光 LED［J］. 人工晶体学报，2020, 2（04）：205-209.

［3］张泽奎，任婷婷. LED 封装检测与应用［M］. 武汉：华中科技大学出版社，2019.

［4］沈洁. LED 封装技术与应用［M］. 北京：化学工业出版社，2012.

［5］陈慧挺，蔡喆，吴晓晨，等. 大功率 LED 路灯的光生物安全测试与分析［J］. 照明工程学报，2011, 6（18）：88-90, 96.

［6］陈慧挺，刘天，蔡喆，等. IES LM-82-12 标准测试方法要点解析［J］. 照明工程学报，2013, 24（03）：15-17.